Versuche an Eisenbetonbalken

unter ruhenden und herabfallenden Lasten

Von

Prof. Dr.-Ing. **Rudolf Saliger** und Dr.-Ing. **Ernst Bittner**
Vorstand 1. Assistent
der Lehrkanzel für Eisenbetonbau und Statik an der Technischen Hochschule in Wien

Mit 50 Textabbildungen und 25 Tafeln

Wien

Verlag von Julius Springer

1936

ISBN-13: 978-3-7091-5171-6   e-ISBN-13: 978-3-7091-5319-2
DOI: 10.1007/978-3-7091-5319-2

Vorwort.

Die in dieser Abhandlung beschriebenen Versuche sind eine Fortsetzung der in den Jahren 1930—1933 ausgeführten Schwinglastversuche an Eisenbetonbalken.[1] Da über den Stoßwiderstand solcher Träger so gut wie nichts bekannt ist, hatte das aufgestellte Versuchsprogramm das Ziel, eine Erforschung dieses Gebietes einzuleiten.

Die Durchführung erfolgte in mühevoller, tastender Arbeit unter Beihilfe von industriellen und wissenschaftlichen Stellen. Die Isteg-Gesellschaft förderte die Versuche, indem sie die Stoßmaschine beistellte und einen erheblichen Teil der Kosten trug. Weitere wertvolle Unterstützung durch Baustofflieferung, Arbeiten und Beiträge gewährten die Allgemeine Baugesellschaft A. Porr, Mayreder, Kraus & Co., die Österreichisch-Alpine Montangesellschaft, die Perlmooser Zementfabriks-A.-G. und deren Zentraldirektor Pierus, Rella & Co., die Universale-Redlich & Berger Bau A. G., der Verband der Freunde der Technischen Hochschule und die Wiener Baustoff A. G. Allen Förderern dieser wissenschaftlichen Arbeit sei auch an dieser Stelle der gebührende Dank ausgesprochen.

Die Versuche wurden in der Technischen Versuchsanstalt (Leiter Prof. Dr.-Ing. Franz Rinagl) der Technischen Hochschule Wien durchgeführt. Besondere Anerkennung gebührt den Versuchsausführenden, die in vorbildlicher Zusammenarbeit das Gelingen der Versuche sicherstellten. Von der Versuchsanstalt waren die Herren beteiligt: Dr.-Ing. M. Melzer, Dozent Dr.-Ing. F. Müller und Dr.-Ing. J. Stich, von der Lehrkanzel für Eisenbeton und Statik die Assistenten: Dr.-Ing. F. Baravalle (bei Beginn der Arbeiten), Ing. H. Sartorius und Ing. Th. Titze. Ferner hat Dr. Ing. J. Kuodis die Rißuntersuchung durchgeführt und Ing. St. Soretz bei der Auswertung mitgeholfen. Die Festlegung der Einzelheiten des Versuchsvorganges und des Versuchsberichtes oblagen dem zweiten Berichterstatter.

Die Verfasser hoffen, mit der vorliegenden langwierigen Arbeit einen Beitrag zur weitern Erforschung des Eisenbetonbalkens geleistet und im besondern in das noch ziemlich dunkle Gebiet des Stoßwiderstandes einiges Licht getragen zu haben.

---

[1] Veröffentlicht in Heft 15 des österr. Eisenbetonausschusses Wien 1935.

Wien, im September 1936.

R. Saliger,
E. Bittner.

Inhaltsverzeichnis.

A. Vorarbeiten.

a) Versuchsplan.

Der Versuchsplan umfaßt 24 Hauptversuchsbalken mit Bewehrungen aus 4 verschiedenen Stahlsorten, nämlich: St 37, Istegstahl, St 55 und St 80, und zahlreiche Betonprobekörper.

Alle Balken haben die gleiche Bauart nach Abb. 1: 4 m Länge und Rechteckquerschnitt von 20 cm Breite und 25 cm Höhe; die Nutzhöhe ist 22 cm. Die zwei Trageisen sind gerade durchgeführt und mit Endhaken versehen. Die Stabdicken sind so gewählt, daß mit Berücksichtigung der verschiedenen Streckspannungen alle Balken annähernd die gleiche Tragfähigkeit besitzen (Tafel 1). An der Oberseite wurden als Transportbewehrung 2 ⌀ 7 aus St 37 angeord-

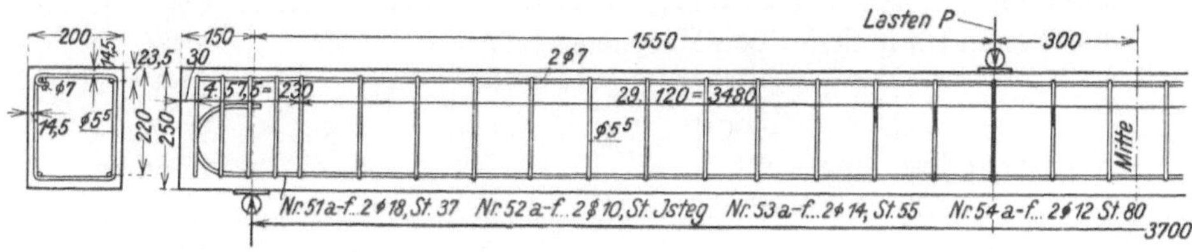

Abb. 1. Versuchsplan.

net; diese Stäbe haben sich bei der Stoßbelastung, wo die Balken auch nach aufwärts ausschwingen, als sehr wichtig erwiesen. Die geschlossenen Bügel ⌀ 5,5 sind in 12 cm Abstand angeordnet, an den Balkenenden in 6 cm Abstand.

Von den 4 Balkennummern wurden je 6 Gleichstücke a bis f hergestellt. a und b waren für den gewöhnlichen, ruhigen Biegeversuch bestimmt; die Stützweite betrug 3,70 m, es wurden zwei symmetrische Einzellasten in 60 cm Abstand angeordnet. Die übrigen Gleichstücke wurden dem Stoßversuch unterworfen; die Stützweite betrug wieder 3,70; es wirkte aber nur eine Last in Balkenmitte, die auf den Balken herunterfiel. Das Fallgewicht konnte von 90 bis 450 kg verändert werden, als Fallhöhe waren 20 bis 40 cm vorgesehen. Bei den Balken c

Tafel 1. Versuchsplan.

Balken Nr.	Bewehrung	F_e cm²	$\mu = \dfrac{F_e}{bh}$ %
51 a—f	2 ⌀ 18, St 37,12	5,1	1,15
52 a—f	2 ⌀ 10, St Isteg	3,1	0,71
53 a—f	2 ⌀ 14, St 55,12	3,1	0,71
54 a—f	2 ⌀ 12, St 80	2,3	0,52

Querschnitt: $b = 20$, $d = 25$, $h = 22$ cm.

und d sollte mit einer kleinen Last begonnen und diese stufenweise gesteigert werden (als Vorversuch); bei den Balken e und f sollte sogleich eine Last angewendet werden, die in der Nähe der nach dem Vorversuch voraussichtlichen größtmöglichen Last liegt.

Die Balken waren aus gewöhnlichem Baubeton (270 kg Zement je Kubikmeter Fertigbeton) herzustellen.

Zur Ermittlung der Betoneigenschaften waren vorgesehen:

Würfel mit 20 cm Kantenlänge.

Vierkante 20 . 20 . 80 cm mit Stauchungsmessungen an allen 4 Seiten.

Önorm-Biegedruckbalken 7 . 8,6 . 220 cm mit 2 ∅ 12, Nutzhöhe $h = 8$ cm, Stützweite 2 m, Belastung durch zwei Einzellasten in 50 cm Abstand.

Biegezugbalken mit Önorm-Querschnitt 8,6 . 7 . 60 cm (liegendes Rechteck), Stützweite 50 cm, 2 Einzellasten in 10 cm Abstand.

Biegezugbalken[1] 12 . 12 . 36 cm, Stützweite 30 cm, 1 Einzellast in der Mitte.

Biegezugbalken[1] 12 . 12 . 72 cm, Stützweite 60 cm, 1 Einzellast in der Mitte.

b) Zement.

Es wurde gewöhnlicher Portlandzement, Marke „Mannersdorf" der Perlmooser Zementfabrik A. G. verwendet.

Die normengemäßen Proben (Önorm B 3311) ergaben:

Glühverlust 1%

Siebrückstand auf dem   900-Maschensieb 0,1%

      ,,   ,,   ,,   2500-   ,, ... 1,0%

      ,,   ,,   ,,   4900-   ,, ... 3,7%

Litergewicht lose eingesiebt . . . . 1,065 kg

      ,,   fest eingerüttelt . . . . 1,72 ,,

Regelwasser 27,5%

Abbindebeginn nach 1 Stunde 50 Minuten.

Bindezeit 8 Stunden 40 Minuten.

Raumbeständigkeitsproben bestanden.

Tafel 2. Zementnormenfestigkeiten.

	Wasserlagerung			Gemischte Lagerung
	2	7	. 28	28
		Tage		
		kg/cm²		
Zugfestigkeit	28,8	33,0	35,4	38,4
Druckfestigkeit	392	511	599	647

Der Zement ist nach der Önorm als „frühhochfester" anzusprechen, obwohl er nur als „gewöhnlicher" Portlandzement bezeichnet war.

c) Sandkies.

Das angelieferte Donau-Baggergut wurde in 3 Korngrößen abgesiebt:

Sand . . . . 0 bis 3 mm

Mittelkorn . . . . 3 ,, 10 ,,

Grobkorn . . . . 10 ,, 20 ,,

Von früheren Versuchen war noch Mittelkorn vorhanden und mußte dazugenommen werden, um die erforderliche Menge an Zuschlagstoffen zu bekommen. Als Mischungsverhältnis Sand : Mittelkorn : Grobkorn wurde 1 : 2,4 : 1 gewählt. Der große Anteil des Mittelkorns, das überdies aus lauter gebrochenen, scharf-

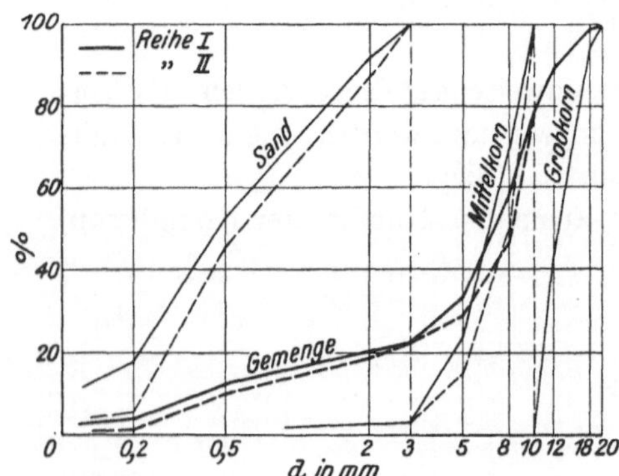

Abb. 2. Sieblinien der Zuschlagstoffe.

---

[1] Im Betonstraßenbau gebräuchlich.

kantigen Steinchen bestand, beeinträchtigte die Verarbeitbarkeit des Betons, so daß dieser ein etwas undichtes Gefüge bekam. Er war aber trotzdem sehr gleichmäßig. Die Sieblinien der einzelnen Körnungen sowie des Gemisches sind aus Abb. 2 ersichtlich. (Bezüglich der beiden Reihen siehe unter f, Herstellung der Versuchskörper.)

Das Festgewicht des Sandkieses wurde mit 2,65 ermittelt.

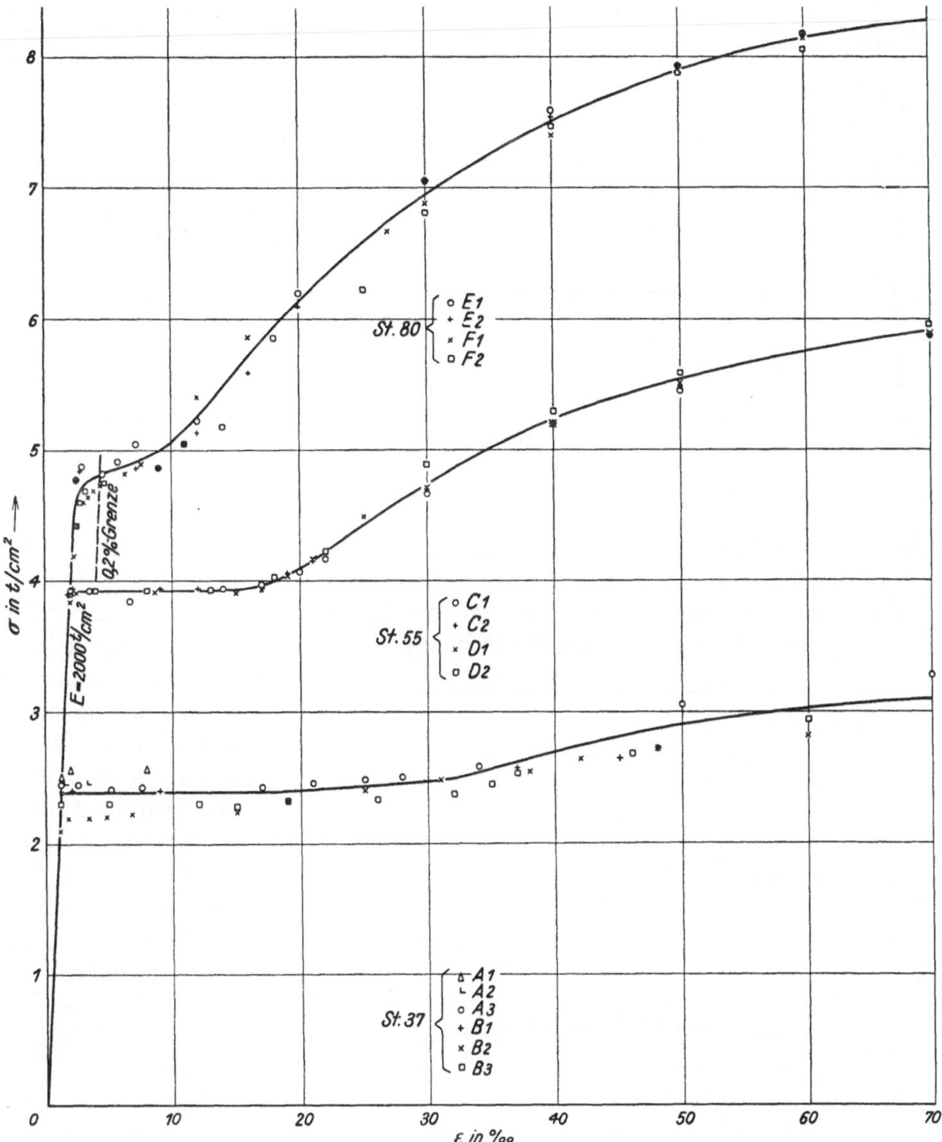

Abb. 3. Spannungs-Dehnungslinien der Rundstähle bis 70‰.

d) Stahl.

Der erforderliche Stahl wurde von der Österreichisch-Alpinen Montangesellschaft in den Bauhof der Technischen Hochschule geliefert. Der Rundstahl ⌀ 10 mm aus St 37,12 wurde auf den Lagerplatz der Wr. Eisenhandels A. G. geschafft, zu Istegstahl verwunden und wieder zurück in den Bauhof gebracht. Dort wurden sämtliche Eisen zerschnitten, gebogen und die Bewehrungskörbe fertiggestellt. Aus den Reststücken wurden Probestäbe entnommen und die gesamten Dehnungslinien der verschiedenen Stahlsorten aufgenommen (Abb. 3 bis 5). Die Dehnungen der Rundstähle wurden am Anfang mit Martens-Spiegelapparaten mit 10 cm Meßlänge gemessen. Nach Erreichen der Streckgrenze wurde der Abstand zweier Marken, die

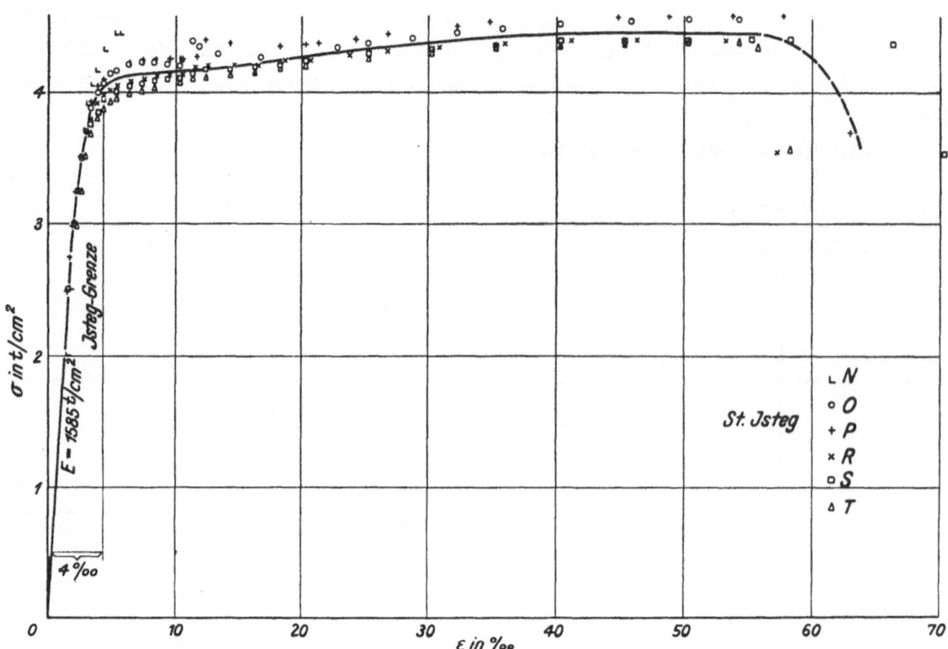

Abb. 4. Spannungs-Dehnungslinien des Istegstahls.

ursprünglich 10 cm voneinander entfernt waren, mit dem Stechzirkel abgegriffen. Die Dehnungsmessung beim Istegstahl geschah mittels einer Zeiß-Meßuhr auf einer Meßlänge von rund 1 m; die erste Ablesung wurde bei einer Spannung von 500 kg/cm² vorgenommen; da der Meßbereich der Meßuhr nur 10 mm beträgt, wurden die Dehnungen über 1% auch hier mit einem Maßstab

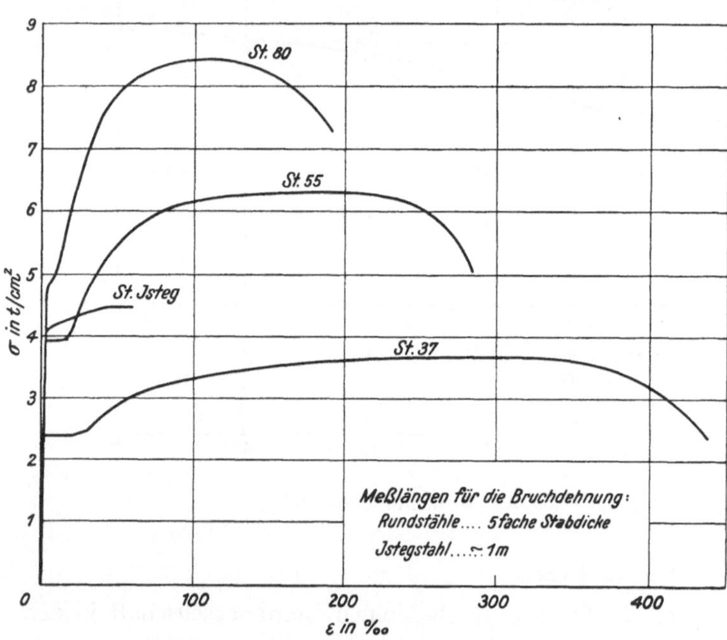

Abb. 5. Gesamte Spannungs-Dehnungslinien der Stähle.

zwischen 2 Marken von rund 1 m Abstand gemessen. Die Festigkeitswerte sind in der Tafel 3 zusammengestellt.

Das Dehnmaß ist als Mittelwert aus den 500-kg/cm²-Spannungsstufen bis zur Verhältnisgrenze berechnet; die bezüglichen Meßpunkte liegen in der Darstellung (Abb. 3 und 4) auf der Geraden. Als Verhältnisgrenze ist jene Spannung angegeben, über der die Dehnungen merklich vom geradlinigen Verlauf abweichen.

Die Proben aus St 37 zeigen ein gewisses Schwanken der Spannung während des Streckens. Bei den Stäben A 1 und A 2 wurden die größeren Dehnungen nicht mehr gemessen.

Bemerkenswert ist, daß der St 55,12 einen ausgeprägten Streckbereich mit gleichbleibender Spannung aufwies, während sonst ein langsames Ansteigen der Spannung die Regel ist.

Sogar der eine Stab (E) aus St 80 zeigt eine ausgesprochene Streckgrenze, wobei die Spannungsdehnungslinie ziemlich scharf abbiegt. Beim zweiten Probestab (F) ist die Linie stärker ausgerundet und enthält kein waagrechtes Stück; daher konnte nur die 0,2%-Grenze ermittelt werden.

Tafel 3. Stahlproben.

Bewehrung der Balken Nr.	Stahlsorte	Probe	$\varnothing$ mm	Dehnmaß t/cm²	Verhältnisgrenze kg/cm²	Streckgrenze kg/cm²	Zugfestigkeit kg/cm²	Bruchdehnung δ_5 $^0/_{00}$	Bruchdehnung δ_{10} $^0/_{00}$	Einschnürung %	Anmerkungen
51 a—f	St 37,12	A 1	18,2	1975	2400	2560	3820 ⎫	455	373	68	Proben mit der gleichen Buchstabenbezeichnung sind aus demselben Stab entnommen
		2	18,2	1975	2405	2460	3850 ⎬ 3810	395	322	68	
		3	18,3	2000	2455	2455	3765 ⎭	425	339	67	
		B 1	18,2	2020	2405	2410	3520 ⎫	455	364	73	
		2	18,1	2000	1945	2200	3550 ⎬ 3520	450	361	74	
		3	18,3	1985	2310	2310	3490 ⎭	445	361	73	
		Mittel	18,2	1992	2320	2400	3665	438	354	70	
53 a—f	St 55,12	C 1	14,1	2020	3910	3930	6280	286	223	54,5	Ausgeprägte Streckgrenze
		2	14,0	2020	3900	3945	6295	286	221	54	
		D 1	14,1	1910	3840	3910	6265	280	218	54,5	
		2	14,0	1990	3900	3930	6345	286	221	55	
		Mittel	14,05	1985	3890	3930	6295	284	221	54,5	
54 a—f	St 80	E 1	11,9	2020	4000	4875	8430	183	142	38	Ausgeprägte Streckgrenze
		2	11,9	2020	4000	4865	8440	185	142	43	
		F 1	11,9	2000	2500	4730[1]	8430	187	133	43	[1] 0,2%-Grenze (Keine ausgeprägte Streckgrenze)
		2	11,9	1975	2500	4750[1]	8400	208	158	43	
		Mittel	11,9	2004	—	4805	8425	191	144	42	
		⊕ ⊕	von $\sigma = 500$ an		Isteg-Grenze		Bruchdehnung $^0/_{00}$ ($l = 1$ m)				
52 a—f	St Isteg	N	9,8/9,9	1460	3000	4315	4400	47			⎫ rechts gewunden ⎫ z. T. Streckbereich mit schwankender Spannung vorhanden
		O	9,8/9,9	1540	2500	4070	4565	54			
		P	9,8/9,8	1710	2500	4100	4595	63			
		R	9,8/9,8	1660	1500	3980	4410	57			⎫ links gewunden
		S	9,8/9,8	1660	2000	3950	4415	70			
		T	9,8/9,8	1480	2000	3875	4395	58			
		Mittel	9,8/9,8	1585	2250	4050	4465	58			

Der Istegstahl ergab zum Teil kurze waagrechte Stücke der Formänderungslinie oder ein Schwanken der Spannung. Alle Probestäbe mit Ausnahme von N zerrissen innerhalb der Meßstrecke. Die Bruchdehnung des Istegstahls ist wegen der großen Meßlänge nicht mit der der Rundstähle vergleichbar.

e) Schalungen.

Die Schalungen der Balken bestanden aus 4 cm dicken Brettern. Die Seitenwände wurden zusammengeschraubt und ohne Verbindung auf die Bodenbretter aufgesetzt; dieser Trog wurde an den Enden und in der Mitte durch Rahmen aus [-Eisen und Schraubenbolzen zusammengehalten.

Es waren 12 Balkenschalungen vorhanden, die zweimal verwendet wurden.

Als Abstandhalter dienten Holzklötzchen von 5.5 cm und der entsprechenden Dicke, die bei den verschiedenen Eisendurchmessern verschieden ist. Sie wurden an den Balkenenden und in der Mitte unter jedem Trageisen eingelegt.

Bei den Balken a und b, die für den ruhigen Biegeversuch bestimmt waren, wurden Vorkehrungen für die Dehnungs- und Stauchungsmessung getroffen. Hier wurden in Balkenmitte an beiden Trageisen längere Holzklötzchen mittels Flacheisenschellen befestigt (Abb. 6). Sie dienten gleichzeitig als Abstandhalter. Vor dem Biegeversuch wurden sie herausgestemmt und an ihrer Stelle die Tensometerträger in die Flacheisenschellen eingeschraubt. Zur Anbringung der Meßuhren für die Stauchungsmessung wurden 4 cm vom Druckrand eiserne Frösche an die Schalung angeschraubt und mit einbetoniert. Das gleiche geschah bei den Vierkanten an allen vier Seitenflächen.

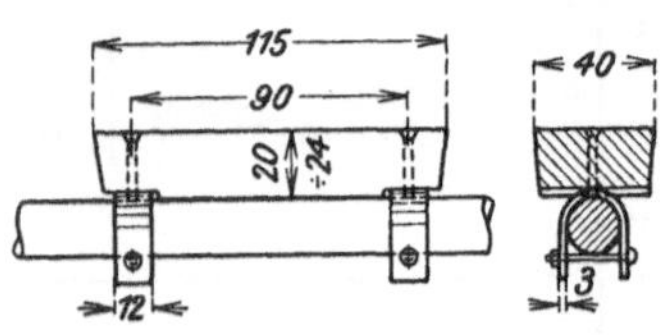

Abb. 6. Tensometerbefestigung.

Die Vierkante wurden in stehenden Holzschalungen hergestellt; die Würfel, Biegedruck- und Biegezugbalken in den eisernen Formen der Versuchsanstalt. Die Balkenformen mit Önormquerschnitt (7 . 8,6 cm) haben keinen Boden, sondern werden auf geölte Bretter aufgesetzt.

f) Herstellung der Versuchskörper.

Die 24 Balken wurden in zwei Reihen zu je 12 Stück hergestellt. Die Betonierung des ersten Teiles, nämlich der Balken a, c und e (Reihe I) erfolgte am 2. Juli 1934 in der geschlossenen Bauhalle der Technischen Versuchsanstalt und dauerte von 13 bis 17 Uhr.

Vor Beginn der Betonierung wurden die Zuschlagstoffe gründlich umgeschaufelt. Der Sand enthielt 0,95% Wasser, die Feuchtigkeit des Mittelkorns und des Kieses war sehr gering. Die drei Korngrößen der Zuschläge und der Zement wurden zu jeder Mische genau abgewogen; das Wasser wurde mittels einer Marke, die am Wassergefäß der Mischmaschine angebracht war, abgemessen. Bei der ersten Mische wurden zunächst 32 kg Sand, 76 kg Mittelkorn, 32 kg Kies, 20 kg Zement und 14,75 l Wasser zugesetzt. Die Anteile der einzelnen Kornstufen waren den verfügbaren Mengen entsprechend gewählt, der Zementzusatz entspricht ungefähr 270 kg Zement in 1 m³ Fertigbeton. Da diese Mischung zu trocken war, wurden noch 0,4 l Wasser zugesetzt; eine aus der Maschine entnommene Probe zeigte jedoch schlechten Zusammenhalt infolge des großen Anteils an scharfkantigem Mittelkorn und Kies. Zur Verbesserung wurden noch 2 kg Zement zugegeben; damit wurde ein zusammenhaltender, verarbeitbarer Beton erzielt.

1 Mische bestand also aus:

      32   kg Sand, 0 bis 3 mm, davon 0,3 kg Wasser,
      76   „ Mittelkorn, 3 bis 10 mm,
      32   „ Kies, 10 bis 20 mm,
      22   „ Zement,
    15,15   „ Wasser, samt Sandfeuchtigkeit 15,45 kg.
    ───
    177,15 kg = Gewicht einer Mische.

Der Wasserzementwert ist $\frac{15,45}{22,0} = 0{,}70$. Es wurden 40 Mischen hergestellt und bis auf geringe Reste verarbeitet. Am 3. und 4. Tag wurden alle Versuchskörper ausgeschalt und die Formen wieder aufgestellt, so daß am 6. Juli 1934 nachmittags der zweite Teil, nämlich die Balken b, d und f (Reihe II) betoniert werden konnten.

Der Feuchtigkeitsgehalt des Sandes, der frisch ausgesiebt worden war, betrug 1,8% des Feuchtgewichtes. Der Mischvorgang und die erforderliche Betonmenge waren die gleichen wie bei der ersten Reihe.

1 Mische der zweiten Herstellungsreihe bestand aus:

$$\begin{aligned}
&32 \text{ kg Sand, davon 0,6 kg Wasser,}\\
&76 \text{ ,, Mittelkorn,}\\
&32 \text{ ,, Kies,}\\
&22 \text{ ,, Zement,}\\
&\underline{15 \text{ ,, Wasser, zusammen 15,6 kg Wasser.}}\\
&177 \text{ kg.}
\end{aligned}$$

Der Wasserzementwert ist $\frac{15,6}{22} = 0{,}71$.

Die Form eines Biegedruckbalkens war schlecht aufgestellt, so daß die Zementmilch unten ausrann; sie mußte entleert und abermals gefüllt werden. Es reichten deshalb 40 Mischen nicht aus und es mußte noch eine Mische mit der halben Menge hergestellt werden, die nur zum Teil benötigt wurde. Tatsächlich wurden also wie beim ersten Teil wieder rund 40 Mischen verarbeitet.

Die zweite Reihe wurde am 5. und 6. Tag ausgeschalt. Die Wärme betrug während der Betonierung beide Male 18° C und schwankte in den nächsten drei Wochen von 15 bis 25° C. Die relative Luftfeuchtigkeit war 50 bis 80%, im Mittel 65% (während der Betonierung beide Male 65%). Wärme und Feuchtigkeit wurden durch einen Selbstschreiber aufgezeichnet. Während der ersten Erhärtungstage wurden sämtliche Versuchskörper täglich mit Wasser begossen. Sie lagerten bis zum Versuch in der Bauhalle.

Tafel 4. Betonierungsvorgang.

Tag	Mischen Nr.	Setzmaß cm	Ausbreitmaß cm	Powersgrad	Hauptbalken Nr.	Würfel Nr.	Vierkante Nr.	Biegezugbalken Nr.			Biegedruckbalken 8,6.7.220 cm, 2 Ø 12	Anmerkungen
								8,6.7. .60 cm	12.12. .72 cm	12.12. .36 cm		
2. Juli 1934, 13h bis 17h	1—13	2 (bleibt stehen)	43	28	51 a—54 a	—	—	—	11 a, 12 a	21 a, 22 a	—	Sandentnahme zur Feuchtigkeitsbestimmung
	14—27	—	—	—	51 c—54 c	1 a—4 a	1 a—6 a	1 a—4 a	—	—	1 a, 2 a	
	28—40	12 11 (fällt um)	46 43	25 17	51 e—54 e	5 a—10 a	—	5 a, 6 a	13 a, 14 a	23 a, 24 a	3 a—5 a	
6. Juli 1934, 14h bis 18h	41—53	10 12	45 49	30 20	51 b—54 b	1 b—3 b	1 b, 2 b	1 b—3 b	11 b, 12 b	21 b, 22 b	1 b, 2 b	
	54—67	13 14	49 55	18 16	51 d—54 d	4 b—7 b	3 b, 4 b	—	—	—	3 b	Bei Mische 67 Sandentnahme zur Feuchtigkeitsbestimmung
	68—80, 81[1]	16	51	18	51 f—54 f	8 b—10 b	5 b, 6 b	4 b—6 b	13 b, 14 b	23 b, 24 b	4 b, 5 b	[1] Mische 81 nur die halbe Menge

Die Tafel 4 enthält die gleichzeitig mit den Balken hergestellten Betonprobekörper sowie die Ergebnisse der Steifeprüfung mittels Setztrichter, Ausbreittisch und Powers-Gerät.

g) Beton.

Bei jeder der beiden Herstellungsreihen wurde folgende Menge Fertigbeton hergestellt:

$$
\begin{array}{lllll}
\text{12 Balken je} & \ldots\ldots\ldots\ldots & 0{,}20 \ .0{,}25 .4{,}0 \ \ \text{m} = 0{,}2 & \text{m}^3 \ldots\ldots\ldots & 2{,}400 \ \text{m}^3 \\
\text{10 Würfel je} & \ldots\ldots\ldots & 0{,}20^3 & = 0{,}008 \ ,, & 0{,}080 \ ,, \\
\text{6 Vierkante je} & \ldots\ldots\ldots & 0{,}20 \ .0{,}20 .0{,}80 \ ,, = 0{,}032 \ ,, & 0{,}192 \ ,, \\
\text{6 Biegezugbalken je} & \ldots & 0{,}086 .0{,}07 .0{,}60 \ ,, = 0{,}0036 \ ,, & 0{,}022 \ ,, \\
\text{4} \qquad ,, \qquad ,, & \ldots & 0{,}12 \ .0{,}12 .0{,}72 \ ,, = 0{,}0104 \ ,, & 0{,}041 \ ,, \\
\text{4} \qquad ,, \qquad ,, & \ldots & 0{,}12 \ .0{,}12 .0{,}36 \ ,, = 0{,}0052 \ ,, & 0{,}021 \ ,, \\
\text{5 Biegedruckbalken je} & \ldots & 0{,}086 .0{,}07 .2{,}2 \ \ ,, = 0{,}0152 \ ,, & 0{,}066 \ ,,
\end{array}
$$

Zusammen ... 2,822 m³

Für diese Betonmenge wurden 40 Mischen mit je 177 kg Gewicht benötigt.

Sämtliche Würfel wurden nach beendigter Betonierung in den Formen gewogen und ergaben ein mittleres Gewicht von 18,86 kg, entsprechend einem Raumgewicht von $\gamma = 2{,}36$ t/m³. Im Alter von 5 Tagen wurden die ausgeformten Würfel wieder gewogen; sie hatten jetzt nur 18,59 kg. Es sind also 0,27 kg oder 1,45 Gewichtshundertteile Wasser verdunstet. Zur Zeit der Prüfung, im Alter von 11 bzw. 19 Monaten, betrug das Raumgewicht der Würfel 2,30 t/m³, das der Vierkante 2,23 t/m³. Es sind also weitere 1,3 Gewichtshundertteile Wasser verdunstet.

Wenn das Raumgewicht des Frischbetons $\gamma = 2{,}36$ t/m³ beträgt, enthält 1 m³ Frischbeton

$$
\left.
\begin{array}{ll}
421 \ \text{kg} & \text{Sand} \\
1015 \ ,, & \text{Mittelkorn} \\
426 \ ,, & \text{Kies}
\end{array}
\right\} \text{zusammen 1862 kg Zuschlagstoffe}
$$

$$
\begin{array}{ll}
293 \ ,, & \text{Zement} \\
\underline{205 \ ,,} & \text{Wasser} \\
2360 \ \text{kg} & \text{Beton}
\end{array}
$$

Davon sind während der ersten Tage 34 kg Wasser verdunstet, in der spätern Erhärtungszeit weitere 31 kg.

Der Festraum des Frischbetons beträgt:

$$
\begin{array}{ll}
\text{Zuschlagstoffe} \ldots\ldots & \dfrac{1862}{2650} = 0{,}703 \\[2ex]
\text{Zement} \ldots\ldots\ldots & \dfrac{293}{3140} = 0{,}093 \\[2ex]
\text{Wasser} \ldots\ldots\ldots & \dfrac{205}{1000} = 0{,}205 \\[1ex]
\hline
& \phantom{\dfrac{205}{1000} = } 1{,}001
\end{array}
$$

Es waren demnach keine nennenswerten Hohlräume im Frischbeton vorhanden. Zur Zeit der Prüfung waren aus 1 m³ Beton 65 kg Wasser verdunstet, der Beton enthielt also 6,5% Hohlräume.

Die Festigkeiten sind in der Tafel 5 zusammengestellt. Außer den Würfeln wurden auch die Hälften der gebrochenen Biegezugbalken zwischen Stahlplatten auf Druck geprüft, und zwar bei den Balken 12 . 12 . 36 cm jede Hälfte, bei den Balken 12 . 12 . 72 cm und 8,6 . 7 . 60 cm zum größten Teil jede Hälfte zweimal. Die so gewonnenen Druckfestigkeiten entsprechen im Gesamtmittel ungefähr der Würfelfestigkeit. Die an den verschiedenen Balkenformen bestimmten Biegezugfestigkeiten zeigen keine gesetzmäßigen Unterschiede.

Die Festigkeit der Vierkante ist im Verhältnis zur Würfelfestigkeit gering, nämlich bloß $0{,}44 \, \sigma_w$ bzw. $0{,}61 \, \sigma_w$. Hier hat sich der große Gehalt von scharfkantigen, sperrigen Zuschlagstoffen am meisten ausgewirkt; in den engen stehenden Schalungen konnte der Beton durch mäßige Stampfarbeit nicht genügend verdichtet werden. Trotzdem sind die Streuungen nicht sehr groß. Die Abb. 7 und 8 zeigen die gemessenen Stauchungen, und zwar das Mittel aus 4 Messungen an den 4 Seiten. Die Vierkante wurden möglichst genau in der Maschine eingerichtet; wenn bei der ersten Laststufe die 4 Meßuhren größere Unterschiede zeigten, wurde

nochmals entlastet und der Vierkant entsprechend verschoben, bis die Stauchungen gut über-
einstimmten.

Die Vierkante der Reihe I wurden ohne Zwischenentlastung so weit belastet, bis ein Laststillstand eintrat; dann wurde sofort entlastet und abermals stufenweise belastet. Bei dieser
zweiten Belastung ergaben sich die Stauchungslinien zum Teil nach aufwärts, zum Teil nach
abwärts, immer jedoch sehr schwach gekrümmt. In der Abb. 7 wurde daher als Mittel eine
Gerade eingezeichnet; sie ist flacher als die erstmalige Stauchungslinie am Ursprung. Ihre
Neigung entspricht der Stauchung bei erstmaliger Belastung auf 136 kg/cm² oder 0,83 σ_{max};
das „scheinbare" Dehnmaß in diesem Punkt ist $E' = \dfrac{\sigma}{\varepsilon} = \dfrac{136 \text{ kg/cm}^2}{0,95\,^0/_{00}} = 143 \text{ t/cm}^2$, während

das Dehnmaß am Ursprung $E_0' = \left(\dfrac{d\sigma}{d\varepsilon}\right)_0 = 210 \text{ t/cm}^2$ beträgt.

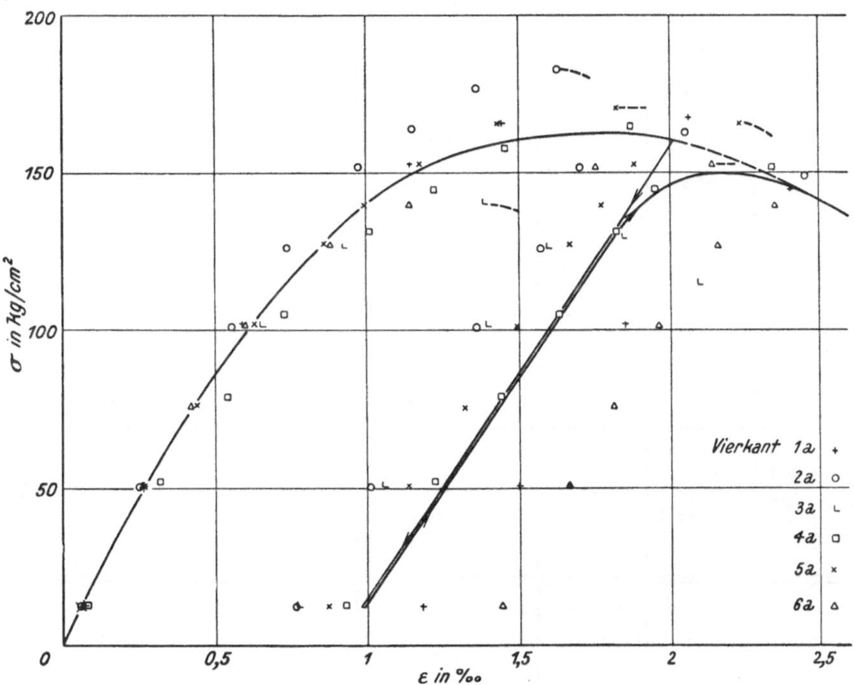

Abb. 7. Stauchungen der Vierkante, Reihe I.

Die erste Stauchungslinie ist mit weitgehender Annäherung eine Parabel, deren Scheitel
durch die Werte $\sigma = \sigma_p$ und $\varepsilon_h = 1,65\,^0/_{00}$ gegeben ist. Die Neigung dieser Parabel im Ursprung ist

$$E_0 = 2\,\frac{\sigma_p}{\varepsilon_h} = 2\,\frac{163 \text{ kg/cm}^2}{1,65\,^0/_{00}} = 197,5 \text{ t/cm}^2.$$

Nach der Entlastung wird die erste Höchstlast nicht mehr erreicht. Dieser Belastungsvorgang
wurde gewählt, weil bei den Stoßversuchen die Bewehrung wiederholt bis auf die Streckgrenze,
bei wachsender Verformung somit auch die Druckzone wiederholt bis auf ihre Festigkeit belastet wird.

Die Festigkeiten der Vierkante II liegen zum größten Teil wesentlich höher als die der
Vierkante I; die Stauchungslinien liegen entsprechend höher, haben aber die gleiche Form.
Hier wurde in mehreren Laststufen die bleibende Stauchung bestimmt und in Abb. 8 eingetragen;
nach Erreichen der Höchstlast wurde der Versuch nicht fortgesetzt.

Die in der Tafel 5 angegebenen Biegedruckfestigkeiten der Önorm-Balken sind unter
Berücksichtigung der tatsächlichen Abmessungen nach Zustand II mit $n = 15$ berechnet.
Die sogenannte Übertragungsziffer $\ddot{u} = \dfrac{\sigma_{bd}}{\sigma_w}$ ist hier im Mittel der beiden Reihen nahe bei 1,
also außergewöhnlich niedrig. Das deutet darauf hin, daß die wahre Biegedruckfestigkeit,
die mit der Prismenfestigkeit wesensgleich ist, viel kleiner als die Würfelfestigkeit war, was

Tafel 5. Beton

Reihe		Würfel σ_w kg/cm^2	Vierkante σ_p kg/cm^2	Biegedruckbalken σ_{bd} kg/cm^2	Biegezugbalkenhälften Druckfestigkeit σ_d kg/cm^2		
					Balken 12 × 12 × 36	Balken 12 × 12 × 72	Balken 8,6 × 7 × 60
I.	Einzelwerte	372 380 345 372 315 377 400 362 377 380	168 183 140 165 171 153	362 417 360 342 430	343 340 322 315 361 357 329 315	345 361 350 346 357 350 319 322	476 424 402 446 470 466 422 460 410 458 458 430 478 458 478 456 432 356 470 510
	Mittel	368	163[2]	382	335[3]	344[3]	448[4]
	Größte Abweichungen vom Mittel in %	+ 8,7 — 14,4	+ 12,3 — 14,1	+ 12,5 — 10,5	+ 7,8 — 6,0	+ 4,9 — 7,3	+ 13,8 — 20,5 (+ 6,7 — 10,3)[5]
II.	Einzelwerte	381 374 376 347 319 328 320 376 384 375	194 238 203 240 230 200	338 384 326 288 Nr. 5 beim Ausformen gebrochen	280 284 263 259 305 305 245 249	298 301 298 298 322 305 326 315 308 305 308 308 284 287 287 293	422 410 396 396 364 400 436 378 432 424 426 423 ═══ 290 296 322 353 288 280 280 284 290 290 288 292
	Mittel	358	217,5	334	274	303	409 ═══ } 352 296
	Größte Abweichungen vom Mittel in %	+ 7,3 — 10,9	+ 10,8 — 10,8	+ 15,0 — 13,8	+ 11,4 — 10,6	+ 7,6 — 6,3	+ 6,6 — 11,0 } + 23,9 ═══ + 18,9 — 5,4 } — 20,4

festigkeiten.

Biegezugfestigkeit σ_{bz} kg/cm²			Anmerkungen
Balken 12 × 12 × 36	Balken 12 × 12 × 72	Balken 8,6 · 7 · 60	
(1 Last in der Mitte)		(2 Lasten)	
62,5	52,0	45,0	
		[19,3][1]	[1] Im Bruchquerschnitt löchrig; beim Mittel nicht berücksichtigt
64,1	42,2		
		46,0	
44,3	51,0	45,2	
		52,1	
49,7	46,0	51,8	[2] Alle Vierkante waren löchrig [3] Druckfläche 142,8 cm² [4] ,, 50 ,,
55,2	47,9	48,0	$\dfrac{\sigma_{bd}}{\sigma_w} = 1{,}04 \qquad \dfrac{\sigma_w}{\sigma_{bz}} = 6{,}7$ bzw. $7{,}7$
+ 16,1 — 19,7	+ 8,6 — 11,9	+ 8,5 — 6,2	[5] Bei Ausschluß des größten und kleinsten Wertes
47,4	38,9	53,2	
		56,5	
44,2	50,8	56,3	
		48,5	
45,8	45,5	47,1	
39,3	47,6	45,1	
44,2	45,7	55,3 ⎫ ═══ ⎬ 51,1 46,9 ⎭	$\dfrac{\sigma_{bd}}{\sigma_w} = 0{,}93 \qquad \dfrac{\sigma_w}{\sigma_{bz}} = 8{,}1$ bzw. $7{,}8$ bzw. $7{,}0$
+ 7,2 — 11,1	+ 11,2 — 14,9	+ 2,2 ⎫ — 3,4 ⎬ + 10,6 + 3,4 ⎬ — 11,7 — 3,8 ⎭	

sich ja bei den Vierkanten tatsächlich gezeigt hat, oder daß die Biegebruchstauchung des Betons verhältnismäßig klein war.[1]

Bei den Önorm-Balken der Reihe II wurde versucht, die Stauchungen des Druckrandes zu messen. Hierzu dienten zwei Zeiß-Meßuhren mit 40 cm Meßlänge, die an zwei auf den Balken aufgeschraubten Rahmen beiderseits in der Höhe des Druckrandes angebracht waren.

Der Versuch erfolgte in einer Maschine nach Bauart der deutschen Reichsbahn mit 2 m Stützweite, Belastung durch 2 Einzellasten P in 50 cm Abstand, die von Hand mittels einer Schraubenspindel ausgeübt und an einem zwischengeschalteten Federmanometer abgelesen werden. Die erste Ablesung geschah bei $2\,P = 200$ kg, dann wurde immer um 100 kg, in der Nähe der Höchstlast um 50 kg gesteigert. Bei jeder Laststufe kann aus dem Moment mit zunächst geschätztem z die Stahlspannung und -dehnung errechnet werden (mit Vernachlässigung der Betonzugspannungen). Aus dieser Dehnung und der gemessenen Stauchung des Druckrandes ergibt sich der Nullinienabstand x und sodann die Betonrandspannung $\sigma_b = \dfrac{M}{z\,b\,x\,k}$, wobei der Wert k die Form der Spannungsverteilung berücksichtigt und aus den Stauchungslinien der Vierkante in Abhängigkeit von ε_b gewonnen wurde. Der Druckmittelpunkt kann ebenfalls aus den Stauchungslinien gefunden werden und liefert einen genauern Wert für z, mit dem dann die Rechnung wiederholt werden kann.

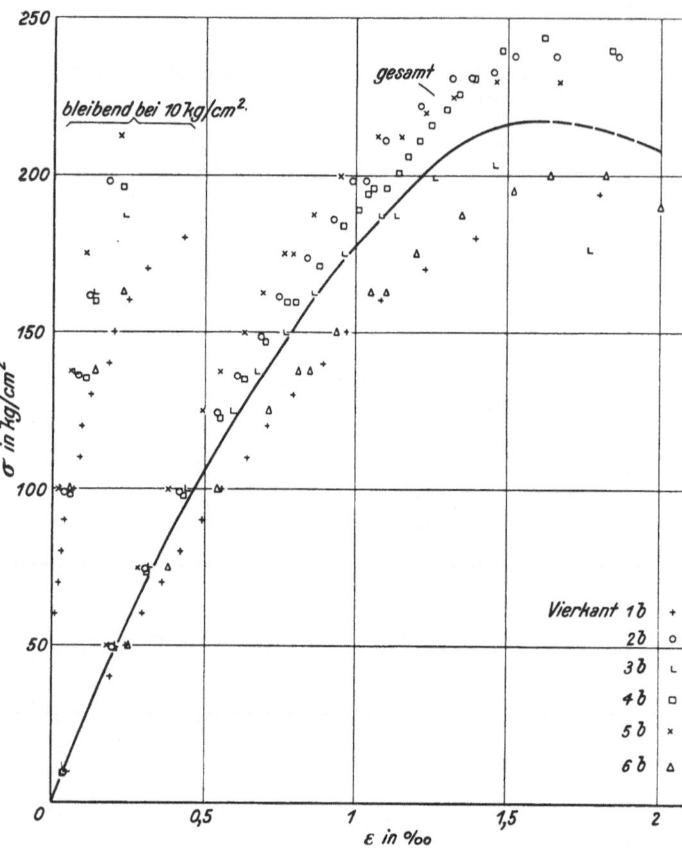

Abb· 8. Stauchungen der Vierkante, Reihe II.

Bei den Balken 1 b und 4 b waren die beiden Ablesungen so stark verschieden, daß kein brauchbarer Mittelwert gewonnen werden konnte. Die Ursache dürfte eine seitliche Verkrümmung des Balkens gewesen sein.

Der Balken 2 b (mit der höchsten Biegedruckfestigkeit) lieferte eine Stauchungslinie, die der Form nach den Vierkanten entspricht, jedoch bei $\varepsilon_b = 1{,}6^0/_{00}$ den Wert $\sigma_p = 340$ kg/cm² erreicht. Einem Anwachsen der Stauchung bei gleichbleibender Spannung müßte eine Laststeigerung entsprechen; diese wurde jedoch dadurch verhindert, daß sich ein Zugriß öffnete und Druckzerstörung in einem kurzen Bereich (8 cm) verursachte.

Beim Balken 3 b ergab sich bei $\varepsilon_b = 1{,}73^0/_{00}$ der Spannungshöchstwert $\sigma_p = 244$ kg/cm² und bei Erreichen der Höchstlast: $\varepsilon_b = 2{,}15^0/_{00}$ und $\sigma_b = 235$ kg/cm², also nahezu die gleiche Spannung. Die Druckzerstörung trat an einem Ende der Meßstrecke ein, bei absinkender Last und $\varepsilon_b = 3{,}3^0/_{00}$. Die wirkliche Biegedruckfestigkeit dieses Balkens entspricht den höchsten Werten unter den Vierkanten.

Man sieht aus den angeführten Tatsachen, daß der Erfolg solcher Stauchungsmessungen von mancherlei Umständen beeinträchtigt werden kann, so daß zur Gewinnung eindeutiger Ergebnisse eine beträchtliche Anzahl von Versuchen notwendig wäre.

---

[1] Über diese Zusammenhänge siehe: BITTNER, Zur Klärung der n-Frage bei Eisenbetonbalken, Beton und Eisen, 1935, Heft 14.

h) Durchführung der Versuche.

Entsprechend den beiden Herstellungsreihen I und II wurde auch die Durchführung der Versuche in zwei gleiche Hälften geteilt. Zunächst wurden die Balken a, c und e geprüft. Nach eingehender Bearbeitung der Ergebnisse wurde dann die zweite Hälfte, nämlich die Balken b, d und f, mit vervollkommnetem Versuchsvorgang in Angriff genommen.

Bei den ruhigen Biegeversuchen konnten ja die Erfahrungen von vielen früheren Versuchen verwertet werden; die Balken a lieferten daher in den meisten Fragen bereits hinreichende Ergebnisse. Anders bei den Stoßversuchen, wo keine Erfahrungen vorlagen und gar nicht vorauszusehen war, wie sich der Stoß- und Schwingungsvorgang gestalten wird, welche Lasten und Fallhöhen in Frage kommen usw. Die erste Versuchsreihe gab über diese Dinge Aufschluß und so konnte für die zweite Hälfte ein Weg der planmäßigen Erforschung festgelegt werden.

Die ruhigen Biegeversuche mit den Balken a begannen im Jänner 1935. Die Belastung wurde nur bis in die Nähe der voraussichtlichen Fließlast gesteigert (höchste Laststufe $2\,P =$ $= 2{,}5$ t, während sich die Fließlast später mit $3{,}0$ bis $3{,}3$ t ergab. Die vorgenommenen Messungen sind im nächsten Abschnitt beschrieben). Dann wurde der Versuch zunächst abgebrochen, um bei der Durchführung der Stoßversuche die Balken noch zur Verfügung zu haben und weitere Messungen, deren Notwendigkeit sich inzwischen ergeben sollte, vornehmen zu können.

Die Vorbereitung der Stoßversuche verzögerte sich infolge anderer Arbeiten bis Anfang Mai 1935; die Versuche mit den Balken c und e begannen am 21. Mai und dauerten bis Ende Juni. Dazwischen, Mitte Juni, wurden die Balken a endgültig bis zum Bruch geprüft; neue Messungen erschienen nicht notwendig, wohl aber einige Verbesserungen. Gleichzeitig erfolgte die Prüfung sämtlicher Betonprobekörper der Reihe I.

Bei der Bearbeitung der Stoßversuchergebnisse stellte sich heraus, daß noch zu viele Größen unbekannt waren, um die Messungen rechnerisch auswerten zu können. Vor allem war über den Stoßvorgang, der ja nur eine sehr kurze Zeit dauert, nichts auszusagen. Um darüber Aufschluß zu gewinnen, wurden im Oktober 1935 Zwischenversuche angestellt, bei denen das Fallgewicht statt auf einen Balken auf eine feste Unterlage herabfiel und der Rücksprung beobachtet wurde. Es zeigte sich jedoch, daß die Unterlage doch nicht unnachgiebig war und ihre Bewegung daher wieder eine unbekannte Größe darstellte; überdies traten in der Rücksprunghöhe bedeutende Streuungen auf, so daß diese Zwischenversuche nicht den gewünschten Erfolg hatten. Es blieb also nichts anderes übrig, als den Stoßvorgang beim Versuch mit den Eisenbetonbalken selbst nach Möglichkeit zu beobachten, indem die Bewegung des Fallgewichtes verfolgt wurde. Um auch mit anderen Massenverhältnissen zwischen Fallgewicht und Balken arbeiten zu können, wurde ein kleines Fallgewicht beschafft, dessen Größe von 8 bis 48 kg verändert werden konnte. Der solcherart vervollkommnete Versuchsvorgang wurde zunächst an einem Holzbalken erprobt und sodann auf die Balken d angewendet. Diese Stoßversuche fanden im Dezember 1935 und Jänner 1936 statt. Anschließend folgten die ruhigen Biegeversuche mit den Balken b, ebenfalls mit verbessertem Versuchsvorgang, und die Prüfung der Betonprobekörper der Reihe II. Die an den Balken d gewonnenen Beobachtungen in Verbindung mit einer inzwischen entwickelten Theorie der Schwingung mit plastischer Verformung gestatteten eine befriedigende Auswertung nicht nur der Balken d, sondern auch der früheren Balken c und e.

Als alle bisherigen Versuche fertig bearbeitet waren, folgten im Mai 1936 die letzten Stoßversuche mit den Balken f, die als Bestätigung der Versuche d in ähnlicher Weise wie diese durchgeführt und bearbeitet wurden, womit diese umfangreiche und langwierige Forschungsarbeit abgeschlossen wurde.

B. Die ruhigen Biegeversuche.

i) Messungen.

Zur Berechnung der Schwingungen beim Stoßversuch ist vor allem die Steifheitsgröße $E\,J$ des Balkens erforderlich, und zwar in Abhängigkeit vom Biegemoment und von der Vorbelastung, ferner ihre Verteilung über die Balkenlänge.

Diese Zusammenhänge sollten aus der Biegelinie beim ruhigen Biegeversuch ermittelt werden. Zu diesem Zweck wurde die Durchbiegung an drei Stellen gemessen: in Balkenmitte, in einem der Lastangriffpunkte und im Halbierungspunkt zwischen Lastangriff und Auflager. Zur Durchbiegungsmessung dienten Zeißsche Meßuhren mit Ablesung auf $^1/_{100}$ mm. Von der Möglichkeit, die Tausendstel Millimeter zu schätzen, wurde kein Gebrauch gemacht, sondern abgerundet. Da der Meßbereich der Uhren 10 mm beträgt, die Durchbiegung der Balken aber weit größer war, wurden bei Versuchsbeginn genau abgeschliffene Stahlklötzchen von 10 mm bzw. 20 mm Höhe zwischen den Fühlstift der Meßuhr und das Unterlagsplättchen (Glasplättchen, am Balken angegipst) geschoben. Wenn die Durchbiegung 10 mm erreichte, wurde das Klötzchen herausgenommen und weiter gemessen, ohne die Meßuhr zu verstellen. Die drei

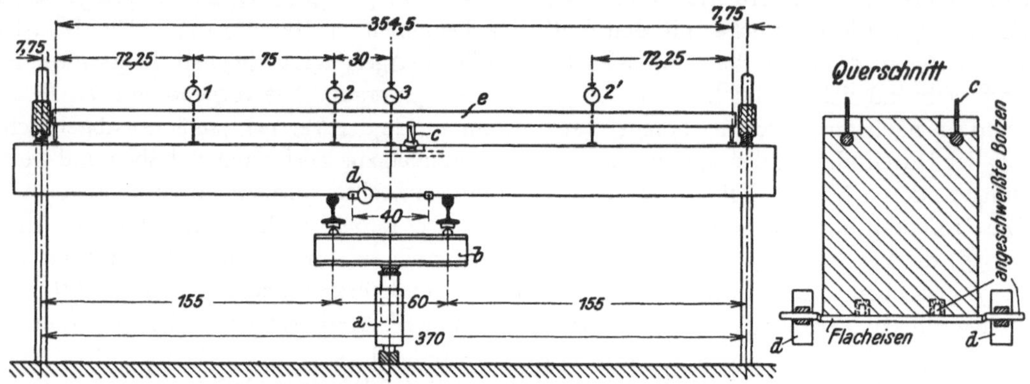

Abb. 9. Anordnung der Meßgeräte beim ruhigen Biegeversuch.

a Druckzylinder, b Verteilträger, c Tensometer, d Meßuhr am Druckrand, e Meßbrücke mit Meßuhren zur Durchbiegungsmessung. Balken a: Meßuhren 1, 2, 3.   Balken b: Meßuhren 1, 2', 3.

Meßuhren waren auf einem ⊏-Eisen von 3,545 m Stützweite befestigt. Diese Meßbrücke stand auf Stahlplättchen, die am Balken angegipst waren; sie war auf einer Seite festgehalten, auf der andern beweglich.

Die Durchbiegung in Balkenmitte und die am Lastangriffpunkt unterscheiden sich wenig voneinander; der kleine Unterschied war zu ungenau, um daraus die Krümmung berechnen zu können. Da die Biegelinie eines Eisenbetonbalkens nicht stetig gekrümmt, sondern infolge der Risse mehr oder weniger geknickt ist, kann man die Krümmung an einem kurzen Balkenstück überhaupt nicht einwandfrei messen. Anderseits zeigte sich bei den Balken a zuweilen eine Unsymmetrie der Biegelinie, vor allem während des Fließens. Aus diesen Gründen wurde bei den Balken b die Meßuhr am Lastangriffpunkt weggelassen und dafür auf der andern Balkenhälfte, spiegelgleich zur dritten Meßuhr, angebracht. Dabei wurden Meßuhren mit 2 bzw. 3 cm Meßbereich verwendet, um das Umstellen zu ersparen.

Außer den Durchbiegungen wurde die Dehnung des Stahls an beiden Bewehrungsstäben mit Hugenbergerschen Tensometern gemessen. Die Meßlänge beträgt 2 cm. Ein Teilstrich der Ableseskala entspricht einer Dehnung von rund 0,06⁰/₀₀; die Zehntel davon werden geschätzt. Um die großen Dehnungen während des Streckens und der Verfestigung bestimmen zu können, wurden am Stahl neben den Tensometern Körnermarken in rund 2 cm Abstand angebracht und ihr Abstand mittels Mikroskops gemessen. Das Verfahren hat sich jedoch nicht bewährt, da die Dehnungen im Streckbereich sehr ungleichmäßig sind und aus der Messung auf 2 cm Meßlänge nicht auf die durchschnittliche Dehnung im Balken geschlossen werden kann. Die durchschnittliche Dehnung läßt sich aber aus der Krümmung des Balkens, die aus der Biegelinie folgt, einigermaßen genau ermitteln, so daß man auf unmittelbare Messung verzichten kann. Zur Messung der Betonstauchung dienten zwei Zeiß-Meßuhren mit 40 cm Meßlänge, die beiderseits am Balken angebracht waren. Zuerst wurden die bei der Betonierung vorgesehenen Frösche benützt, die 4 cm vom Druckrand entfernt waren. Bei der zweiten, endgültigen Belastung der Balken a und natürlich auch bei den Balken b wurde die Anordnung verbessert und die Meßuhren genau am Druckrand befestigt. Dazu mußten Löcher in den Beton gestemmt und zwei Flacheisen mit Zapfen eingegipst werden. Die gesamte Anordnung der Meßgeräte zeigt die Abb. 9.

Versuchsvorgang bei den Balken a.

Die Anfangslast, bei der die ersten Ablesungen erfolgten, wurde möglichst niedrig gewählt, nämlich Eigengewicht $+ 300$ kg (2 Lasten je 150 kg, Eigengewicht rund 500 kg). Trotzdem wurden zum Teil schon bei dieser Last Risse beobachtet, die wahrscheinlich beim Transport aus dem Bauhof in die Versuchsanstalt oder beim Einbau in die Maschine entstanden sind.

Bei der Anfangslast von 300 kg, ferner bei 1300 und 2300 kg wurden die Rißweiten am Zugrand mittels Mikroskops gemessen und die Rißenden an den Seitenflächen ebenfalls mit dem Mikroskop festgestellt. Es wurden genaue Aufschreibungen über die Lage der Risse, ihre beiderseitige Länge und die Rißweiten geführt.

Die Last wurde in Stufen von 300 kg, ab 900 kg in Stufen von 200 kg gesteigert und häufig entlastet, um sich an den Belastungsvorgang beim Stoßversuch möglichst anzugleichen. Eine Biegung in verkehrter Richtung, wie sie bei den Schwingungen auftritt, ist in der Maschine leider nicht möglich. Nach Belastung auf 2,5 t und darauffolgender Entlastung wurden wieder bei allen Zwischenstufen die Meßgeräte abgelesen, um die elastischen Eigenschaften des vorbelasteten Balkens kennenzulernen. Nach der zweiten Belastung auf 2,5 t wurde der Versuch abgebrochen und nach 5monatiger Lagerung wieder aufgenommen.

Die Stauchungsmessung wurde, wie schon erwähnt, an den Druckrand verlegt, was sehr wichtig war, da in der Nähe des Bruches die Nullinie 3 bis 4 cm vom Druckrand lag, so daß dort gar keine Stauchung gemessen worden wäre. Die Anfangslast betrug diesmal 800 kg, die Laststufen zuerst 600 kg, ab 2400 kg nur 200 kg und in der Nähe der Fließlast 100 kg (ohne Entlastung). Die Rißweiten wurden nicht mehr gemessen. Wenn die Fließlast erreicht und die plastische Verformung ein Stück vorgeschritten war, wurde auf 800 kg entlastet, die Tensometer, die beim Strecken des Stahls entfernt worden waren, wieder aufgesetzt und der Versuch von neuem begonnen, d. h. es wurde wieder bei den gleichen Laststufen abgelesen wie vorher, dann jedoch bis zum Bruch, nämlich bis zur Druckzerstörung des Betons weiterbelastet. Zum Schlusse wurde das Fortschreiten der Durchbiegungen nur mehr mit dem Maßstab von der Meßbrücke aus gemessen, die Stahldehnung mit dem Mikroskop; die Meßuhren am Druckrand konnten bis zum Bruch am Balken belassen und abgelesen werden.

Versuchsvorgang bei den Balken b.

Bei diesen Balken wurde die Anfangslast noch niedriger gewählt, nämlich Eigengewicht $+ 100$ kg. Die Entlastungen erfolgten auf $2\,P = 300$ kg, um nicht Gefahr zu laufen, daß die Last auf $2\,P = 0$, das heißt auf das Balkeneigengewicht absinkt und der Balken sich von den Lagern löst. Es wurde nur dreimal entlastet, nämlich von $2\,P = 1,5$ t, 2,5 t und sofort nach dem Beginn des Fließens. Bei den genannten Laststufen und den Entlastungen wurden sämtliche Rißweiten gemessen, bei den übrigen Laststufen nur die neu aufgetretenen Risse. Die Risse im mittleren Teil des Balkens wurden auch noch während des Fließens bis zum Bruch wiederholt gemessen.

Während bei den Balken a die vorgegebenen Laststufen eingehalten wurden, auch wenn dabei die Formänderungen sehr rasch zunahmen, wurden bei den Balken b die Meßgeräte ständig beobachtet, wenn eine Beschleunigung bemerkbar war, abgelesen und die gerade vorhandene Last so lange gehalten, bis die Formänderungen zum Stillstand kamen. Auf diese Weise wurde vor allem der Fließbeginn genau festgehalten. Dank dem größeren Meßbereich der Uhren konnte die Durchbiegung bis zum Bruch an allen drei Meßstellen abgelesen werden.

An den Balken 52 b (mit Istegbewehrung) und 53 b (mit St 55) versuchte Herr Dr. Ing. J. Kuodis durch Einfärben der Risse deren Ausdehnung im Balkeninnern festzustellen. Bei der Laststufe $2\,P = 2,5$ t wurde der Balken unterkeilt und die Risse auf einer Balkenhälfte gefärbt. Über jedem Riß wurden zwei kleine Glaszylinder mit Paraffin angeklebt und eine Lösung von

Nigrosin in Alkohol eingefüllt. An den Seitenflächen wurden die Risse teilweise zugeklebt. Die Farbe wirkte ungefähr 3 Stunden ein. In Abb. 10 ist der Balken während der Färbung samt allen Meßgeräten zu sehen. Wie weit die Farbe eingedrungen war, wie weit also der Riß reichte, mußte natürlich nach dem Versuch durch Zerschlagen des Balkens festgestellt werden.

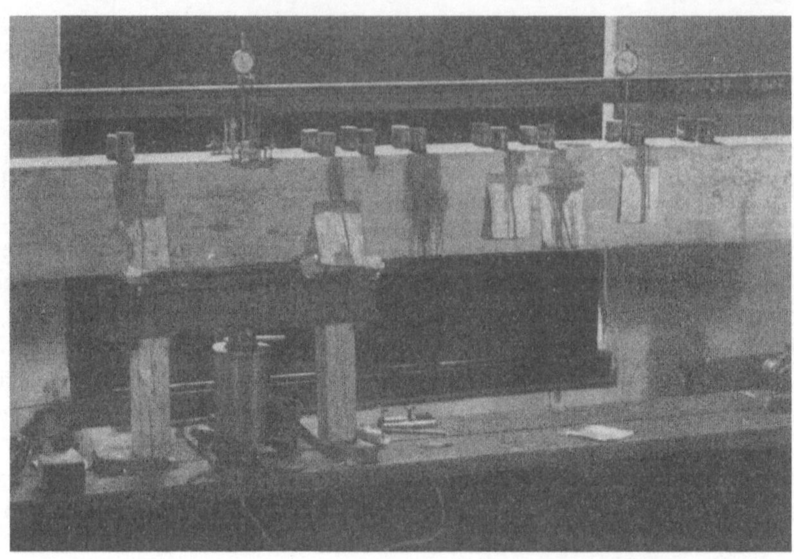

Abb. 10. Balken 53 b mit Meßgeräten während der Rißfärbung.

k) Auswertung der ruhigen Biegeversuche.

Die gesamte Auswertung der Messungen bis zum Fließbeginn ist in den Abb. 12 bis 15, jede in 2 Teilen, α und β, dargestellt. Unter α ist zunächst (mit +) die Durchbiegung der Balkenmitte y_m, gemessen von den Auflagerpunkten der Meßbrücke aus, aufgetragen. Auf der waagrechten Achse ist sowohl die Last $2\,P$ als auch das Moment abzulesen. Der Last $2\,P = 0$ entspricht das Eigengewichtsmoment $M_g = 0{,}17$ tm. Die innere senkrechte Teilung zeigt die Durchbiegung von der Eigengewichtslage aus, die äußere die Krümmung $\dfrac{1}{\varrho}$ der Balkenmitte. Unter der Voraussetzung, daß die Steifheit $E\,J$ im ganzen Balken gleich ist, gilt bei der vorliegenden Lastanordnung

$$y_m = \frac{M_m}{E\,J}\, 12280 \ \text{cm}^2$$

oder

$$\frac{M}{E\,J} = \frac{1}{\varrho\ \text{cm}} = y_m{}^{\text{mm}} \cdot 0{,}813 \cdot 10^{-5}.$$

Die $\dfrac{1}{\varrho}$-Teilung beginnt beim Punkt $M = 0$, gibt also die Krümmung durch alle äußeren Lasten. Der Ursprung ist durch Verlängerung der ersten Laststufe gefunden. Die Linie der + bedeutet also sowohl die Durchbiegung als auch die „rohe Krümmung" in Balkenmitte, die nur stimmt, solange das $E\,J$ im ganzen Balken gleich ist. Diese Voraussetzung wurde bei der ersten Laststufe ($2\,P = 0{,}3 \rightarrow 0{,}6$ t bzw. $0{,}1 \rightarrow 0{,}3$ t) als erfüllt angesehen. Wenn nun das $E\,J$ weiterhin gleich bliebe, müßte die Durchbiegung geradlinig wachsen. Diese Durchbiegung nach Zustand I sei mit y_{mI} bezeichnet. Der Unterschied gegenüber der tatsächlichen Durchbiegung

$$\Delta y_m = y_m - y_{mI}$$

wird durch einen Überschuß der Krümmung $\Delta \dfrac{1}{\varrho}$ verursacht, der bloß im mittleren Teil des

Balkens vorhanden ist. Wenn man für den äußeren Meßpunkt, 72,25 cm vom Auflager (siehe Abb. 9), ebenfalls den Unterschied gegen Zustand I

$$\Delta y_1 = y_1 - y_{1_I}$$

bildet, so läßt sich der Schwerpunkt der $\Delta \frac{1}{\varrho}$-Fläche ermitteln. Es gilt:

$$\Delta y_1 = \mathfrak{F} \cdot 72{,}25$$
$$\Delta y_m = \mathfrak{F} \cdot u,$$

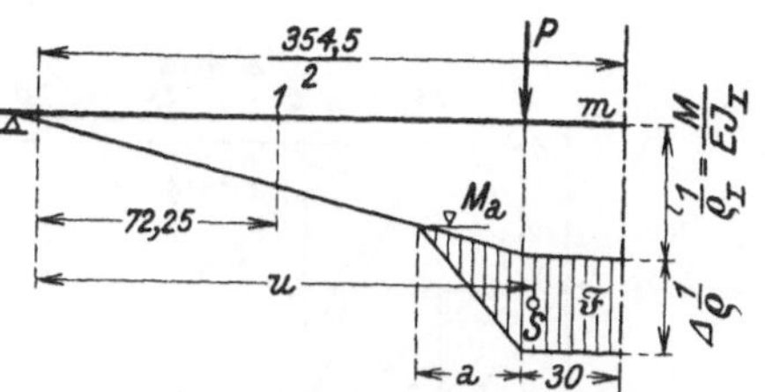

Abb. 11. Ermittlung der „berichtigten Krümmung".

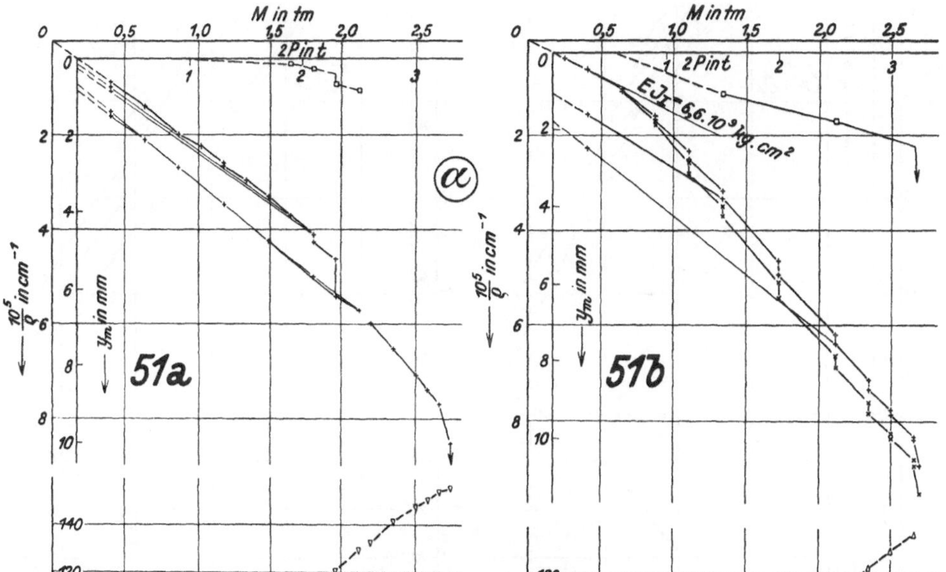

Abb. 12. Balken 51 a, b mit St 37.

wenn $\mathfrak{F}$ die Fläche der $\Delta \frac{1}{\varrho}$ auf einer Balkenhälfte und u den Abstand ihres Schwerpunktes vom Meßbrückenauflager bedeutet (Abb. 11). Es folgt

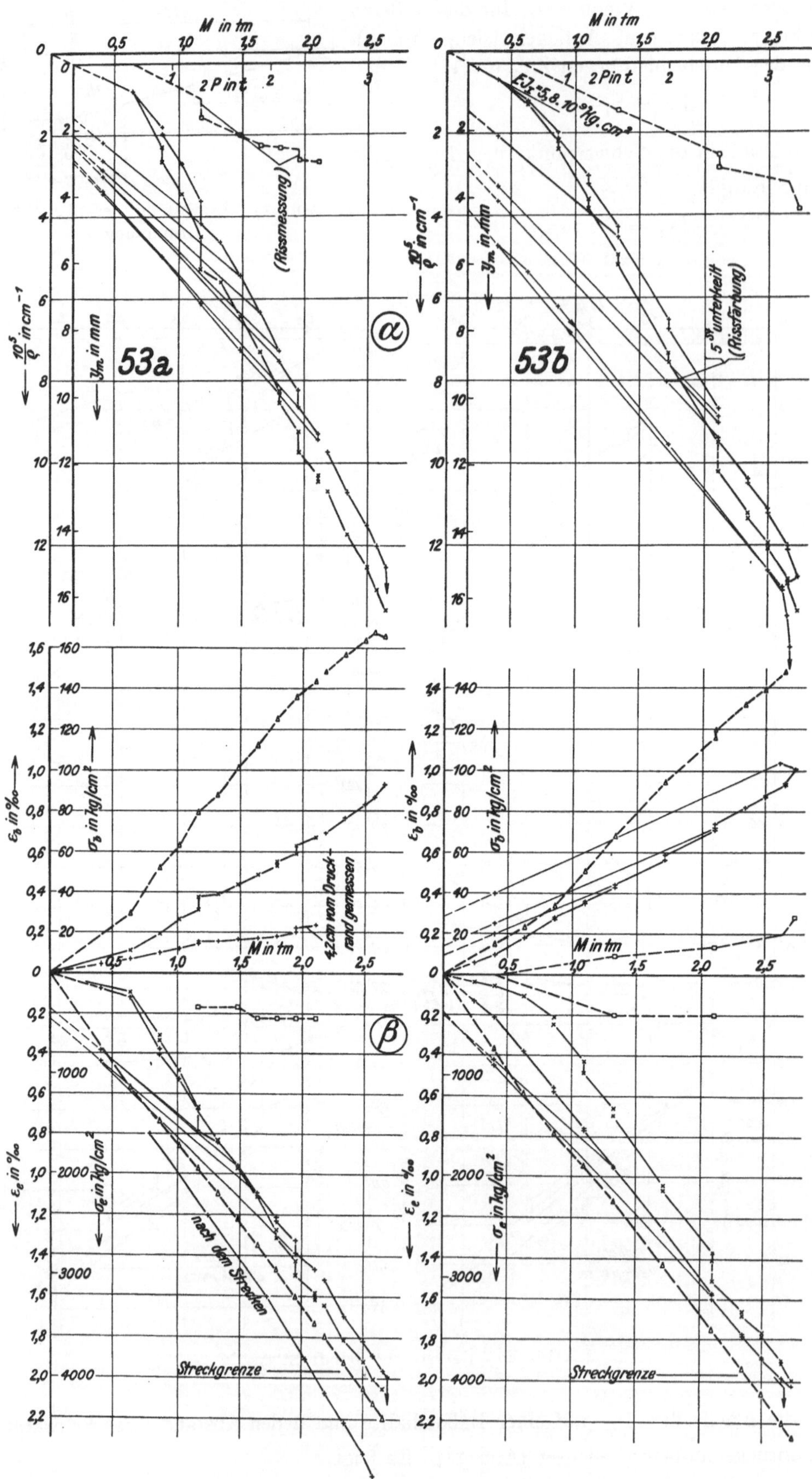

Abb. 13. Balken 53 a, b mit St 55.

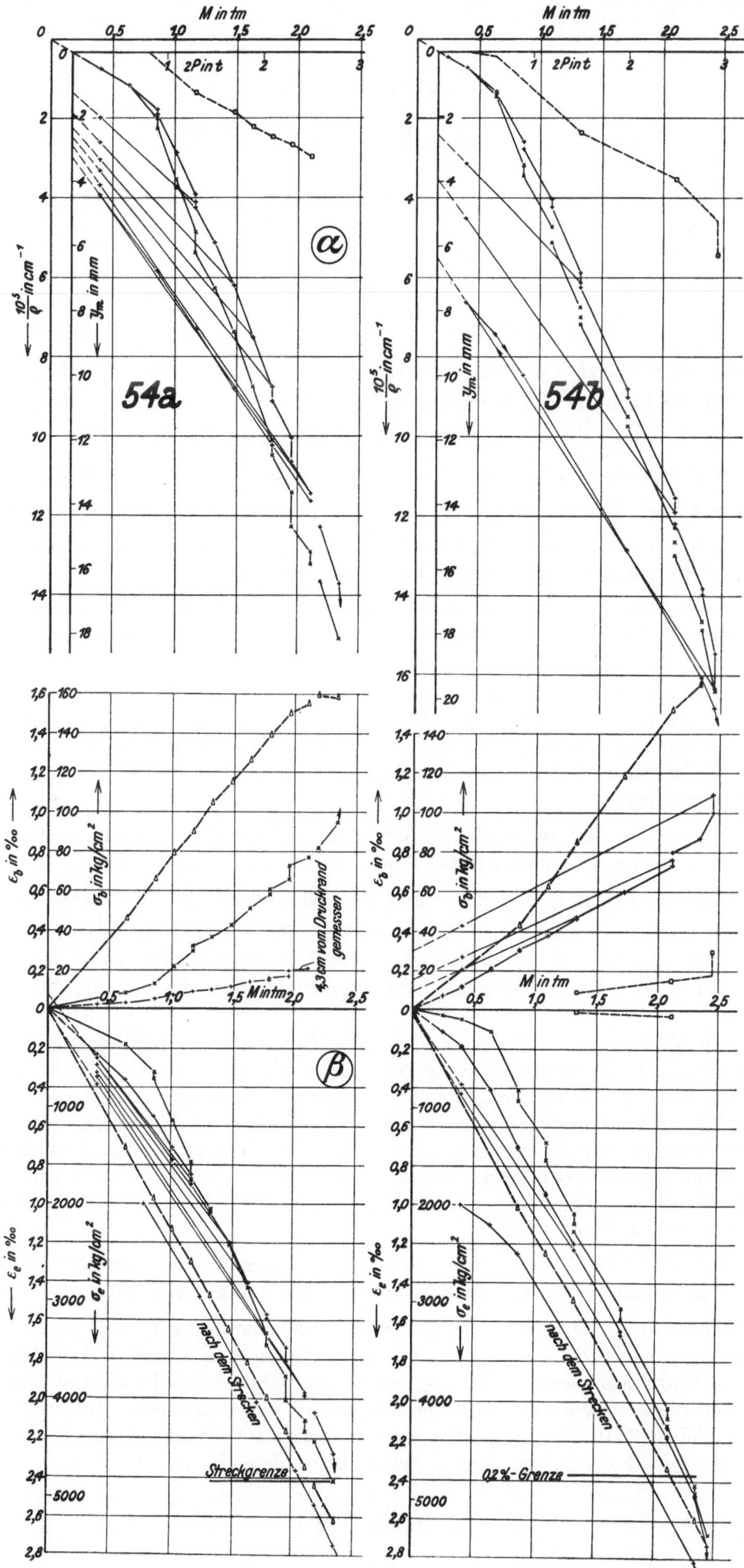

Abb. 14. Balken 54 a, b mit St 80.

$$u = \frac{\Delta y_m}{\Delta y_1} \cdot 72{,}25 \text{ cm.} \tag{1}$$

Unter Annahme einer Trapezform für $\mathfrak{F}$ läßt sich aus u die Länge a ermitteln und schließlich

$$\Delta \frac{1}{\varrho} = \frac{\Delta y_m}{u\left(30 + \dfrac{a}{2}\right)}. \tag{2}$$

Wenn für alle Laststufen diese Werte berechnet und aufgetragen sind, läßt sich eine mittlere Gerade zeichnen, die für $\Delta \frac{1}{\varrho} = 0$ das Moment M_a liefert. In einem zweiten Rechnungsvorgang wird nun für alle Laststufen die Strecke a für jenen Punkt gesucht, in dem das Moment M_a vorhanden ist, und das $\Delta \frac{1}{\varrho}$ neuerdings aus obiger Formel berechnet. Der Schwerpunktabstand u entspricht jetzt nicht mehr genau der Gl. 1, was aber nicht berücksichtigt werden kann. Die solcherart berechnete Krümmung $\frac{1}{\varrho} = \frac{1}{\varrho_I} + \Delta \frac{1}{\varrho}$ ist im Bild α als $\times$ eingetragen. Abgesehen von der Ausrundung am Beginn liegen die Punkte mit großer Annäherung auf einer Geraden, so daß die Rechnung mit trapezförmiger Fläche $\mathfrak{F}$ berechtigt ist. ·

Es läßt sich übrigens in keinerlei Weise ableiten, daß der Verlauf der Krümmung geradlinig sein müsse. Er hängt vom Abfall der Betonzugspannungen ab, für den sich wohl kaum ein Gesetz aufstellen läßt.

Bei den Balken mit Rundstahlbewehrung wurde dieser Rechnungsvorgang bis zum Beginn des Fließens geführt. Beim Fließen entstand bei der Mehrzahl der Balken nur ein klaffender Riß; die Zunahme der Durchbiegung ist dann durch den Knickwinkel φ_{pl} gegeben, während die beiden Balkenhälften ihre Form beibehalten: man kann also nicht von einer Zunahme der Krümmung sprechen.

Die istegbewehrten Balken zeigten je vier ziemlich gleichmäßig verteilte klaffende Risse; hier kann man die Biegelinie noch näherungsweise als stetig gekrümmt ansehen. Die Rechnung mit trapezförmiger Fläche $\mathfrak{F}$ ist jedoch im Fließbereich nicht mehr am Platze, da das $\Delta \frac{1}{\varrho}$ nicht mehr geradlinig, sondern viel stärker wächst. Dementsprechend wurde die $\mathfrak{F}$-Fläche hier aus zwei Trapezen mit verschiedenem a zusammengesetzt. Die Durchbiegungen und Krümmungen bei den hohen Laststufen sind gesondert in Abb. 15 c mit anderen Maßstäben aufgetragen.

Der zweite Versuch mit den Balken a nach 5monatiger Lagerung ergab durchwegs größere Formänderungen als die letzte Belastung beim ersten Versuch. Als Ursache kann man annehmen, daß beim Ausbau aus der Maschine entgegengesetzte Biegemomente wirkten und die bleibenden Formänderungen zum Teil rückgängig machten; beim zweiten Versuch traten dann diese Formänderungen neuerdings auf. Beim zweiten Versuch kommt die Laststufe 2,4 t vor; die bezüglichen Meßwerte wurden mit den Werten bei 2,4 t aus dem ersten Versuch (durch Einschaltung zwischen 2,1 und 2,5 t gefunden) gleichgesetzt und nur die weitere Zunahme der Formänderungen berücksichtigt.

Die federnde Durchbiegung bei der Entlastung aus dem Fließbereich ist in den Abb. 38, 40, 42 und 44 gemeinsam mit den Stoßversuchsbalken c und e dargestellt.

In den Abb. β ist nach oben die gemessene Betonstauchung ε_b und nach unten die Stahldehnung ε_e (beide mit $+$) aufgetragen. Beide Linien sind bis $M = 0$ verlängert. Die über 40 cm Länge gemessene Stauchung wurde als richtiger Durchschnittswert angesehen; die Tensometermessung mit 2 cm Meßlänge hingegen ist davon abhängig, ob beim Tensometer gerade ein Riß verläuft oder nicht. Die durchschnittliche Stahldehnung kann mit Hilfe der „berichtigten" Krümmung nach α berechnet werden. Es ist

$$\varepsilon_e = \frac{h}{\varrho} - \varepsilon_b. \tag{3}$$

Beim ersten Versuch mit den Balken a wurde die Stauchung ε_b' im Abstand h_ε vom Druckrand gemessen. Die Randstauchung ergibt sich aus

$$\varepsilon_b = \varepsilon_b' + \frac{h_\varepsilon}{\varrho} \tag{4}$$

und damit die durchschnittliche Stahldehnung nach Gl. 3.

Alle mit Hilfe der Krümmung berechneten Werte sind als $\times$ eingetragen. Der Anschluß des zweiten Versuchs mit den Balken a wurde in der beschriebenen Weise bewerkstelligt.

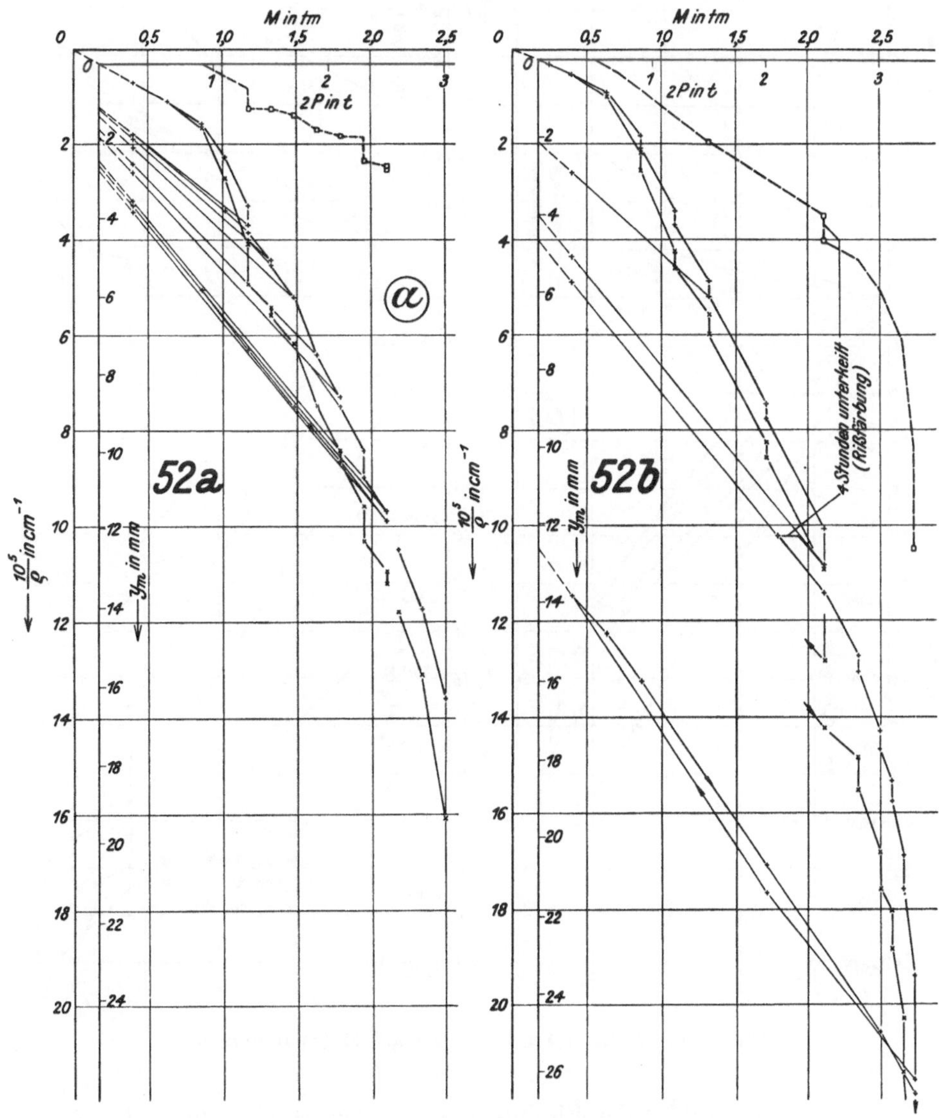

Abb. 15 a, Balken 52 a, b mit Istegstahl (Krümmungen).

Mit Benützung der durchschnittlichen Längenänderungen sind nun die Spannungen berechnet worden. Es ist

$$x = h \frac{\varepsilon_b}{\varepsilon_b + \varepsilon_e} \times, \tag{5}$$

$$z = h - \psi x \tag{6}$$

und

$$D = Z = \frac{M}{z}. \tag{7}$$

Der Beiwert ψ gibt den Schwerpunktabstand der Betonspannungsfläche vom Druckrand an. Er wurde aus den Stauchungslinien der Vierkante abgeleitet und beträgt ein Drittel für

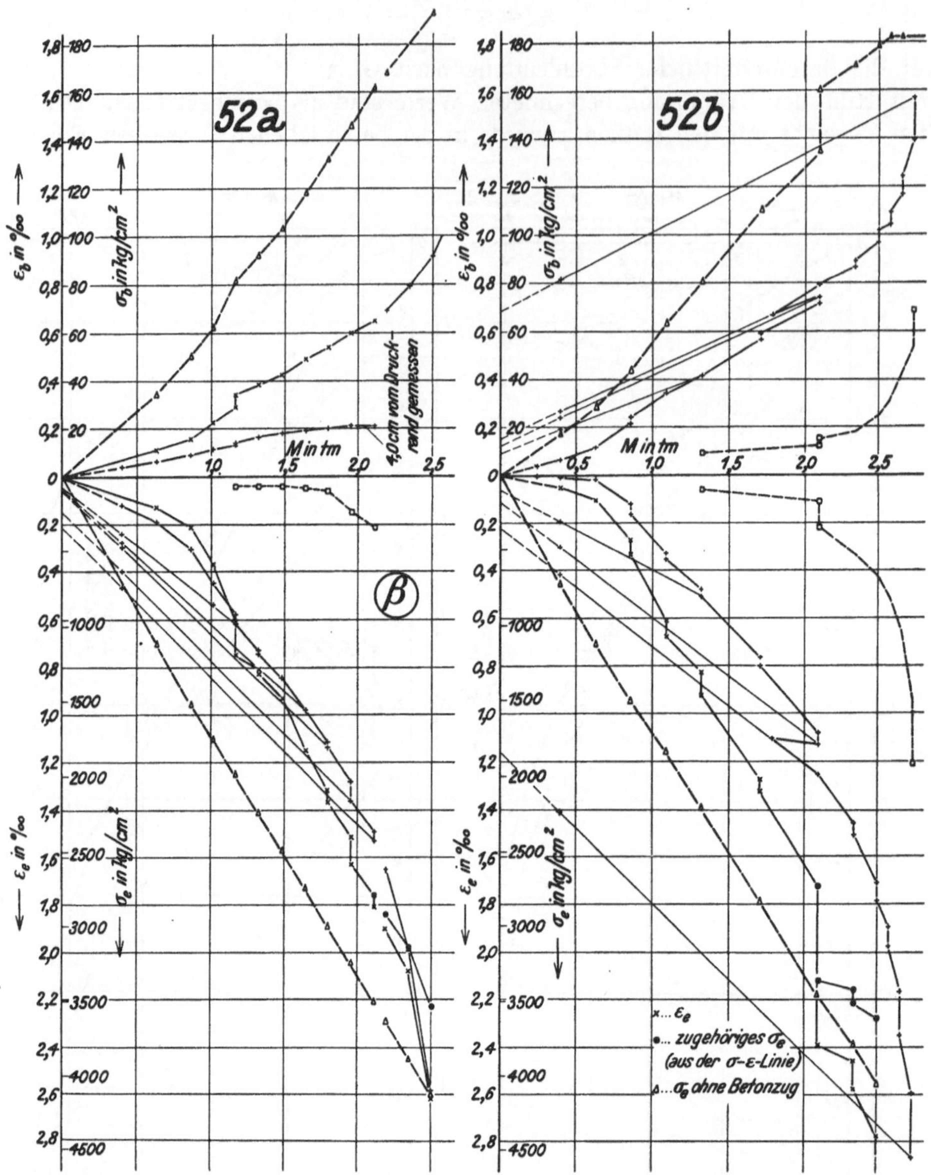

Abb. 15 b. Balken 52 a, b mit Istegstahl (Spannungen).

kleine ε_b und 0,36 für $\varepsilon_b = 1^0/_{00}$; der Einfluß dieses Beiwertes ist gering. Die Stauchung der in der Druckzone liegenden Eisen 2 ⌀ 7 ist:

$$\varepsilon_e' = \varepsilon_b \, \frac{x - h'}{x} \tag{8}$$

und ihre Druckkraft

$$D_e = \varepsilon_e' \, E_e \, F_e'. \tag{9}$$

In Anbetracht der Kleinheit des Druckeisenanteils wurde der Abstand vom Betondruckmittelpunkt vernachlässigt und die Betonrandspannung berechnet aus der Gleichung

$$\sigma_b = \frac{D - D_e}{b \, k \, x}. \tag{10}$$

Der Beiwert k berücksichtigt die Form der Betonspannungsverteilung und wurde aus der mittleren Stauchungslinie der Vierkante a für alle ε_b-Werte ermittelt. Diese k-Linie ist in der Abb. 18 unten ersichtlich.

Die durchschnittliche Stahlspannung $\sigma_e \times$ ergibt sich unmittelbar aus $\varepsilon_e \times$. Da das Dehnmaß für alle Rundstahlsorten nahezu 2000 t/cm² ist (siehe Tafel 3, S. 5), konnte die ε_e-Teilung gleichzeitig für σ_e benützt werden.

Die volle Stahlspannung

$$\sigma_e^\Delta = \frac{M}{z\,F_e} \qquad (11)$$

mit z nach Gl. 6 ist in den Abb. β unten mit $\triangle$ eingetragen, ebenso die Betonspannung im oberen Teil.

Das Dehnmaß des Istegstahls ist mit $E_i = 1585$ t/cm² eingesetzt (siehe Tafel 3); hier ist neben der ε_e-Teilung eine eigene σ_e-Teilung erforderlich. Oberhalb der Verhältnisgrenze, die bei 2600 kg/cm² liegt, kann ein Punkt nicht gleichzeitig die Dehnung und die Spannung darstellen. In diesem Bereich ist $\times$ die durchschnittliche Dehnung und $\otimes$ die zugehörige Spannung, die aus der mittleren Spannungs-Dehnungslinie in Abb. 4 entnommen wurde. Die hohen Laststufen sind in anderen Maßstäben in Abb. 15 c gesondert dargestellt.

Aus dem Fehlbetrag der durchschnittlichen gegen die volle Stahlspannung wurde eine durchschnittliche Betonzugspannung errechnet. Die Verteilung der Betonzugspannungen im Querschnitt ist vollkommen unbekannt; man kann nur sagen, daß einerseits in der Nähe der Nullinie Zugspannungen vorhanden sein werden und anderseits in der Umgebung der Bewehrung, weil bei jedem Riß die volle Stahlspannung vorhanden sein muß, von der sich dann zwischen den

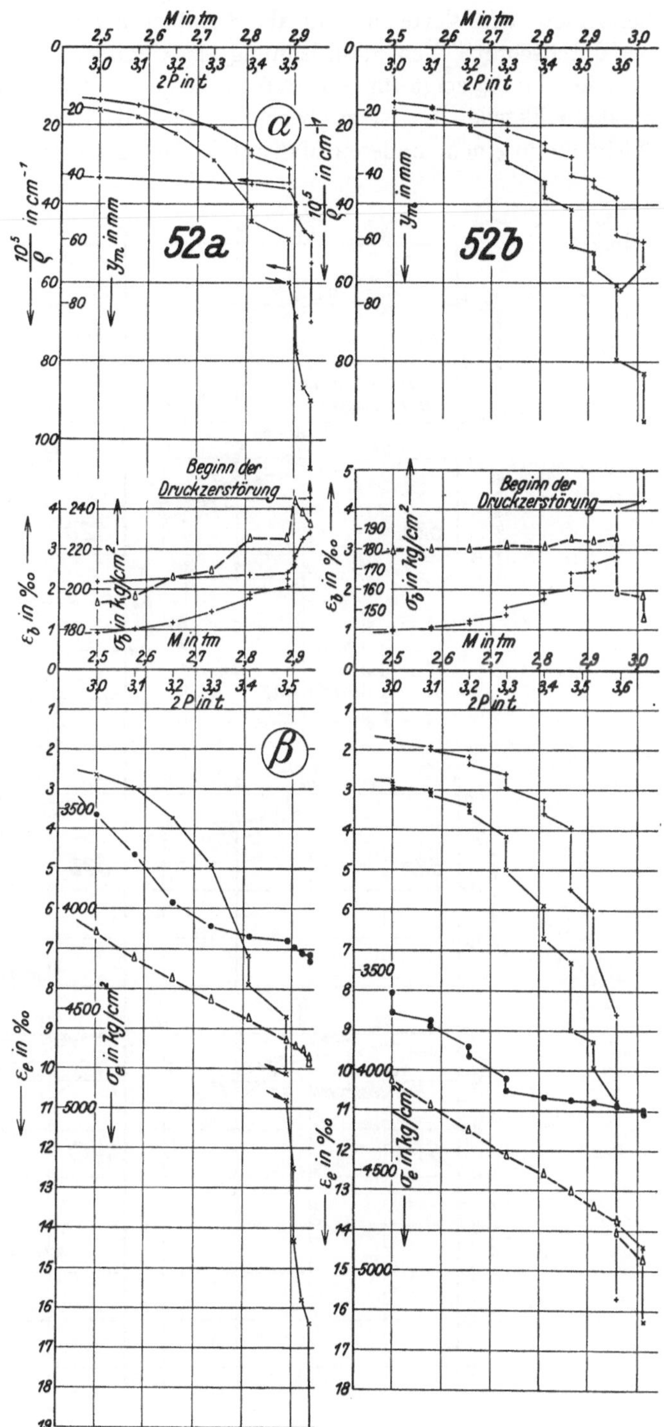

Abb. 15 c. Balken 52 a, b mit Istegstahl
(Hohe Laststufen).

Rissen ein Teil in den umliegenden Beton überträgt. Aus diesen Erwägungen heraus wurden die Betonzugspannungen von der Nullinie bis zum Zugrand dreieckig verteilt angenommen und die Randspannung nach der Gleichung

$$\sigma_{bz} = 2\,\frac{F_e\,(\sigma_e^\Delta - \sigma_e \times)}{b\,(d - x)} \qquad (12)$$

berechnet. Die Werte sind für alle 8 Balken gemeinsam in Abb. 17 aufgetragen, und zwar mit der durchschnittlichen Stahldehnung als Abszisse.

Die Abb. 16 zeigt für alle Balken die gemessenen Rißweiten in Abhängigkeit vom Moment an der Rißstelle. Es ist zu beachten, daß die Rißweiten der Balken 51 a und b wegen ihrer Kleinheit in einem anderen Maßstab aufgetragen sind. Die Verbindungsgerade zu der bei der

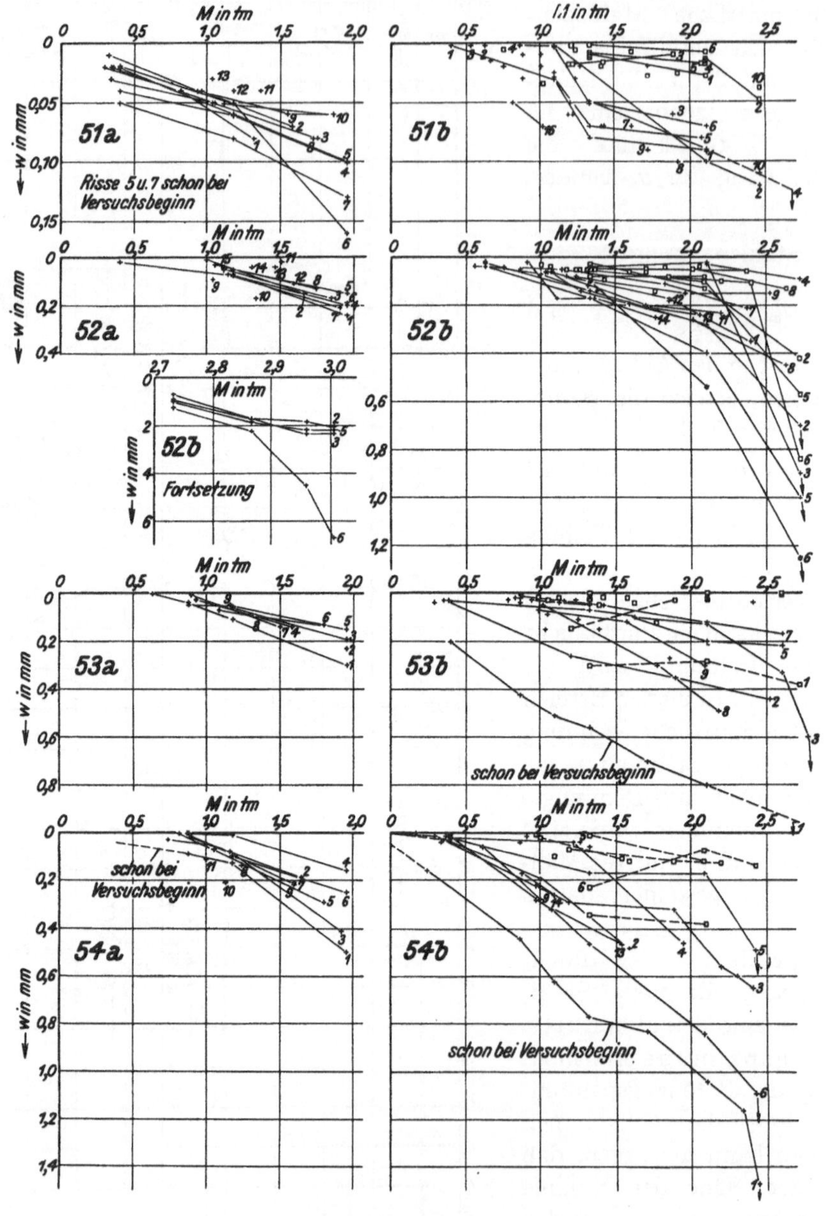

Abb. 16. Rißweiten.

Entlastung auf $2\,P = 0{,}3\,$t gemessenen Rißweite wurde bis $M = 0$ verlängert und die sich ergebende „bleibende Rißweite" zum ursprünglichen Moment aufgetragen (als □).

Aus der Abb. 16 wurde jeweils eine „mittlere Rißweite" entnommen, ferner aus β die durchschnittliche Stahldehnung; die zusammengehörigen Werte sind in der Abb. 17 nach unten als Linien aufgetragen. Die einzelnen Zeichen ohne Verbindung bedeuten die größten gemessenen Rißweiten. Sie gehören größtenteils zu jenen Rissen, die schon vor dem Versuch entstanden waren, stellen also keine regelrechten Versuchswerte dar.

In der Abb. 18 sind schließlich für alle 8 Balken die zusammengehörigen Werte ε_b und σ_b aufgetragen. Zum Vergleich ist die mittlere Stauchungslinie der Vierkante a und die höchste vorliegende Stauchungslinie, nämlich die des Vierkants 5 b, eingezeichnet. Aus dieser Darstellung geht hervor, daß der Beton der Balken a hinsichtlich der Stauchung einem Vierkant von ungefähr 210 kg/cm² Festigkeit entspricht, während die Balken b, wenn auch nicht ganz eindeutig, auf eine Festigkeit von beiläufig 180 kg/cm² schließen lassen. Diese Zahlen wurden nun benützt, um das z und damit die Stahlspannung im Fließ- und Verfestigungsbereich der Rundstähle zu berechnen.

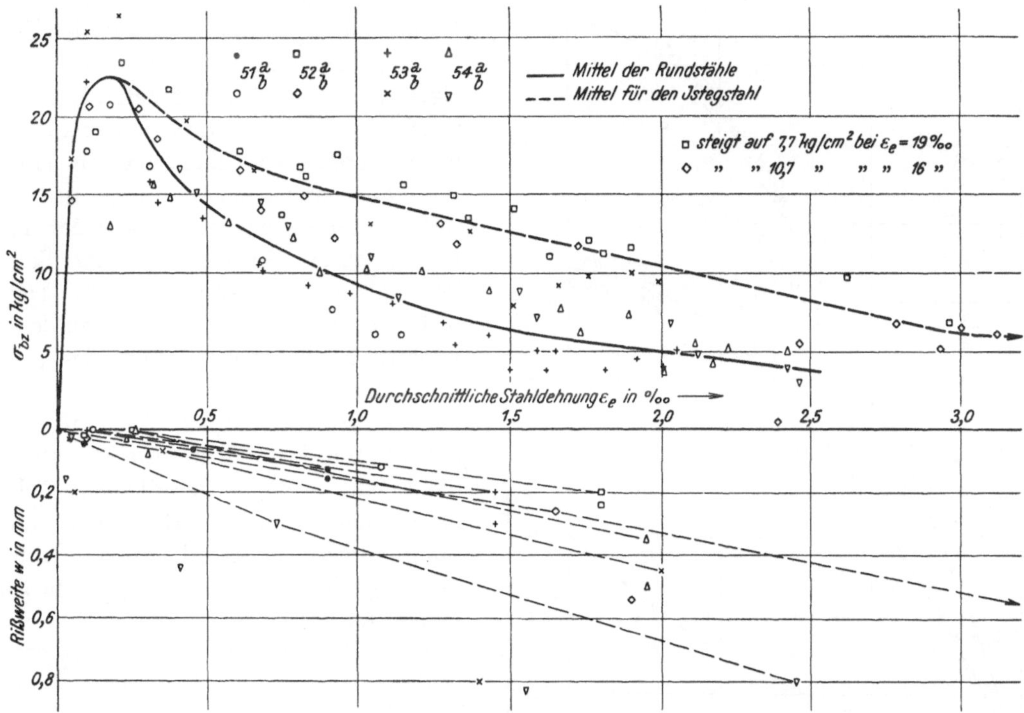

Abb. 17. Betonzugspannungen und mittlere Rißweiten.

Bei näherungsweise rechteckiger Spannungsverteilung ist

$$x = \frac{M}{z\,b\,\sigma_p} \tag{13}$$

und

$$z = h - \frac{x}{2}. \tag{14}$$

Das z muß zur Berechnung des x zunächst geschätzt werden. Die mit obigem z nach Gl. 11 berechneten Stahlspannungen sind für einige wichtige Laststufen in der Tafel 6 angegeben. Diese Tafel enthält auch die an den Balken festgestellten und der Berechnung zugrunde gelegten Querschnittsmaße, weiter für die angegebenen Laststufen den Knickwinkel der plastischen Verformung beim Bruchriß φ_{pl}, der aus der Zunahme der Durchbiegungen seit Fließbeginn berechnet wurde (die Knickwinkel werden später zum Vergleich mit den Stoßversuchen benötigt). Ferner sind die gemessenen Rißweiten des Bruchrisses w, die plastische Verkürzung des Betons seit Fließbeginn Δ_b und die Ausdehnung des Bruchbereiches angegeben.

1) Ergebnisse der ruhigen Biegeversuche.

Die nachstehend angeführten Ergebnisse lassen sich sämtlich aus den Abb. 12 β bis 15 β und der Tafel 6 ableiten.

Die errechneten Betonspannungen ergeben meist eine S-förmig gekrümmte Linie: am Beginn eine Gerade gemäß Zustand I, dann ein stärkeres Ansteigen infolge des Hinaufrückens der Nullinie. Bei größeren Stauchungen biegt die Linie wieder um, weil die Spannungsfläche mehr und mehr vom Dreieck abweicht.

Die Auftragung der zusammengehörigen Stauchungen und Spannungen (Abb. 18) ergibt mit Ausnahme des obersten Teiles (in der Nähe des Fließbeginns) der Form nach gute Übereinstimmung mit den Stauchungslinien der Vierkante.

Nach dem Fließbeginn kann der Spannungszustand des Betons nicht mehr verfolgt werden. Beim Bruchriß treten jedenfalls bedeutende Stauchungen auf; die Spannungsverteilung nähert sich einem Rechteck mit der Prismenfestigkeit als Ordinate.

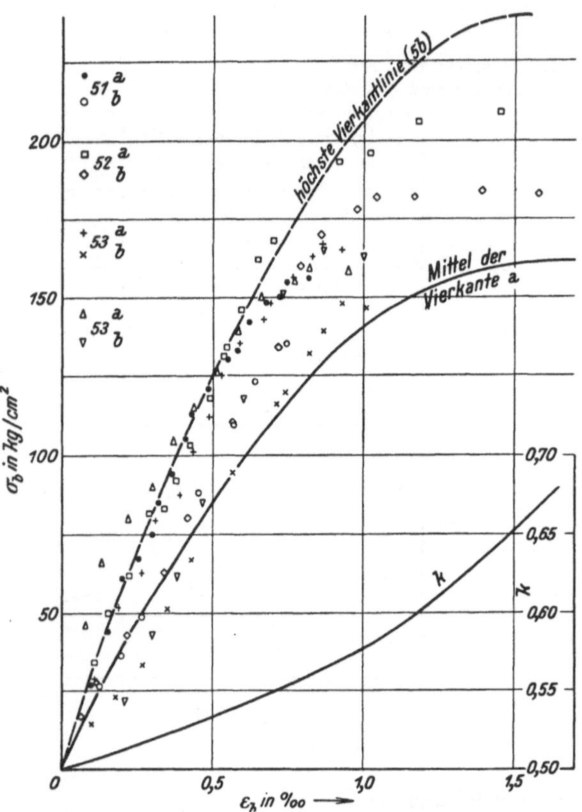

Abb. 18. Stauchungslinien des Balkenbetons.

Die mittels Tensometer gemessenen Stahldehnungen und die aus der Durchbiegung (auf dem Wege über die „berichtigte Krümmung") gerechneten Dehnungen weichen nur dann stark voneinander ab, wenn bereits vor dem Versuch ein Riß vorhanden war, der dann immer in Balkenmitte, also in nächster Nähe der Tensometer, verlief. Es war dies der Fall bei den Balken 53 b, 54 a und 54 b. Die gerechnete durchschnittliche Stahldehnung verläuft ähnlich wie die Linie der „berichtigten Krümmung": sie beginnt mit einem flachen Stück, das dem Zustand I entspricht, und biegt dann zu einem steileren, mehr oder weniger geradlinigen Teil ab. Durch einen einzigen Riß wird nun die durchschnittliche Stahldehnung nicht merklich vergrößert, wohl aber zeigen die Tensometer eine wesentlich größere Dehnung an. Aber auch diese Dehnung entspricht bei weitem nicht der „vollen Stahlspannung" nach Zustand II, das bedeutet also, daß auch in der Nähe des Risses die Betonzugspannungen nicht ausgeschaltet sind.

Bei steigender Belastung gleichen sich die durchschnittliche und die beim Riß gemessene Dehnung einander an. In diesem Teil sowie bei den Balken ohne ursprünglichen Riß im gesamten Verlauf ist die gemessene Dehnung einmal größer und einmal kleiner als die durchschnittliche, aber niemals stark verschieden, so daß sie als Kontrolle gelten kann.

Die durchschnittliche Stahlspannung erreicht ihre größte Entfernung von der „vollen Spannung" bei rund $0,2^0/_{00}$ oder 400 kg/cm². Gleichzeitig erreicht die durchschnittliche Betonzugspannung ihren Größtwert, der in Abb. 17 mit dem Mittelwert von 22,5 kg/cm² erscheint. Von da ab nähert sich die durchschnittliche langsam der vollen Stahlspannung, erreicht sie jedoch bis zum Fließbeginn nicht. Der vollkommene Zustand II ist also niemals vorhanden.

Wenn die Last eine Zeitlang gehalten wird, wächst die Stahldehnung; bei Weiterbelastung entfernt sich die Linie oft wieder von der vollen Stahlspannung, d. h. die durchschnittlichen Betonzugspannungen nehmen wieder zu.

Bei den Entlastungen wurde stets eine bleibende Dehnung des Stahls gemessen, die dann nach mehreren Laststufen nur mehr wenig zunimmt. Die Entlastungslinien, also die federnden Dehnungen, verlaufen auffallend flach.

Die bleibende Stahldehnung ist nur so zu erklären, daß der Beton bleibende Dehnungen behält, obwohl er vom zurückfedernden Stahl zusammengedrückt wird. Der entstehende Spannungszustand ist so unklar, daß von einer rechnerischen Erfassung der bleibenden und damit auch der federnden Formänderungen abgesehen werden muß, um so mehr, als es auch nicht gelingt, aus den bleibenden Durchbiegungen in eindeutiger Weise eine „berichtigte bleibende Krümmung" zu errechnen, die dann die „durchschnittliche bleibende Dehnung" liefern würde.

Es sollen nun zunächst nur die Rundstähle betrachtet werden — der Istegstahl (Balken 52 a, b) erfordert eine besondere Behandlung. Beim Beginn des Fließens ist die durchschnittliche sowie auch die gemessene Stahlspannung in den meisten Fällen schon etwas größer als die Streckspannung nach Tafel 3; es wäre zu erwarten, daß sie kleiner ist. Der Unterschied ist indes von untergeordneter Bedeutung: wir wollen annehmen, daß die durchschnittliche Stahlspannung beim Fließbeginn gleich der Streckgrenze ist. Da die „volle Stahlspannung" eindeutig höher liegt, ergeben sich „durchschnittliche Betonzugspannungen". Nun muß aber im Riß selbst, wegen der vollkommenen Unmöglichkeit von Betonzugspannungen, die volle Spannung im Stahl herrschen. Eine ungefähre Darstellung dieser Verhältnisse gibt die Abb. 19. Die Spannungsspitzen müssen sehr schmal sein, nachdem sie in der durchschnittlichen Dehnung nicht bemerkbar werden. Die Frage geht nun dahin, wieso der Stahl imstande ist, auf diese kurze Strecke höhere Spannungen als die Streckgrenze aufzunehmen. Die Verhältnisse lassen sich bis zu einem gewissen Maße mit einem gekerbten Stab vergleichen; in einer Kerbe tritt kein Strecken ein und die Zugfestigkeit ist höher als sonst. So läßt sich denken, daß der einbetonierte Stab auf der sehr kurzen Strecke beim Riß die sonstige Streckspannung ohne bemerkbare Streckung überschreiten kann.

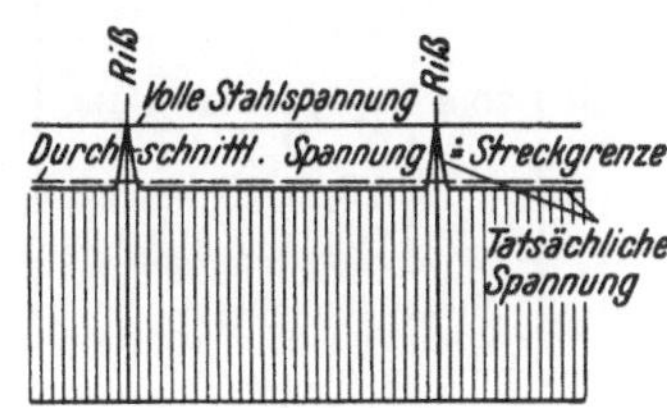

Abb. 19. Stahlspannungen beim Fließbeginn.

Bei einigen Balken trat nach dem Fließbeginn ein Absinken der Last ein, bzw. wurde nach einer Entlastung die erste Fließlast nicht mehr erreicht. Die nach teilweisem Durchlaufen des Streckbereichs gemessenen Dehnungen (bei den a-Balken) wurden von einem willkürlichen Anfangspunkt aus neben der vollen Stahlspannung aufgetragen; im Gegensatz zu den Entlastungen vor dem Fließen ist diese Linie ziemlich gleichlaufend mit der vollen Spannung. Durch das Strecken beim Riß entsteht 1. eine Bloßlegung und 2. eine Loslösung des Stahls vom Beton in der Umgebung des Risses; die Strecke der vollen Stahlspannung wird beträchtlich länger und infolgedessen die mögliche Spannungserhöhung geringer. Beim St 37 stimmt die Stahlspannung beim Strecken nach der Entlastung vollkommen mit der Streckgrenze überein; beim St 55 ist sie immer noch höher. Der St 80 hat einen so kurzen Streckbereich, daß nach der Entlastung bereits die Verfestigung begann. Wenn das losgelöste Stück des Stahls den Streckbereich durchlaufen hat, verfestigt es sich und die Last steigt wieder. In der ganzen Strecke des Größtmoments, die außerhalb des Loslösungsbereichs liegt, tritt kein Strecken ein; es bilden sich keine neuen Risse und die vorhandenen feinen Risse erweitern sich nicht. Man muß annehmen, daß der Stahl in diesem Bereich mit der Streckspannung beansprucht ist und der wachsende Unterschied gegen die volle Spannung von den Betonzugspannungen aufgenommen wird, natürlich mit Ausnahme der Rißstellen, wo der Stahl die volle Spannung ohne merkliches Strecken trägt. Das Streckmoment und wahrscheinlich auch das Höchstmoment ist also in den einzelnen Balkenteilen stark verschieden: während bei einem Riß schon die Verfestigung fortschreitet, hat bei einem anderen noch nicht einmal das Strecken begonnen. Es bleibt dahingestellt, ob die Eigenschaften des Stahls innerhalb des Stabes so weit schwanken oder ob die Wirkung des Betons auf Zug von Stelle zu Stelle verschieden ist.

Der Verfestigung des Stahls wird ein Ziel gesetzt dadurch, daß der Beton ein weiteres Anwachsen des Knickwinkels nicht mehr erträgt. Der Knickwinkel durch die plastische Verformung ist gegeben durch:

$$\varphi_{pl} = \frac{\varDelta_w + \varDelta_b}{h},\qquad(15)$$

wobei $\varDelta_w$ die Zunahme der Rißweite seit Fließbeginn und $\varDelta_b$ die gesamte Verkürzung des Druckrandes seit Fließbeginn bedeutet. Anderseits kann der Knickwinkel aus der Zunahme der Durchbiegung gerechnet werden. Es ergab sich gute Übereinstimmung beider Werte.

Tafel 6. Ruhige

Die mit * bezeichneten Stahlspannungen sind mit $z = h - \dfrac{1}{2}\dfrac{D}{b\,\sigma_p}$ gerechnet. Für die Balken a ist $\sigma_p = 210$,

nom-

Balken Nr.	Gemessene Querschnittgrößen in cm				Stahl	Belastungszustand	M tm	σ_e kg/cm²
	b	d	h	h'				
51 a	19,5	24,9	21,8	3,7		Fließbeginn	2,73	2770
						Nach Entlastung Fließen bei	2,65	2500*
					2 Ø 18	Beginn der Druckzerstörung	2,73	2600*
					$F_e = 5{,}2$ cm²	Höchstlast	2,93	2800*
					St 37			
51 b	20,4	25,5	22,4	4,4	$\sigma_s = 2200$ bis 2560 kg/cm²	Vor dem Fließen erreichte Last (Höchstlast)	2,69	2660
						Plötzliches Absinken und Fließen bei ..	2,47	2300*
						Beginn der Druckzerstörung	2,57	2400*
						Vor dem Absinken	2,57	
52 a	19,3	25,0	22,0	3,7		Beginn bedeutender Formänderungen ...	2,65	4350
						Laststillstand........................	2,88	4660
					2 ⦶ 10	Erreichen der Höchstlast	2,93	4750
					$F_e = 3{,}03$ cm²	Beginn der Druckzerstörung	2,93	4750
					St Isteg			
52 b	20,2	25,6	22,4	4,4	$\sigma_i = 3875$ bis 4315,	Beginn größerer Formänderungen	2,73	4440
					$\sigma_z = 4400$	Laststillstand........................	2,95	4750
					bis 4600 kg/cm²	Erreichen der Höchstlast und Beginn der Druckzerstörung	3,01	4940
						Vor dem Absinken	3,01	4940
53 a	20,2	25,0	21,9	3,4		Fließbeginn	2,69	4460
						Weiteres Fließen bei	2,77	4400*
					2 Ø 14	Beginn der Druckzerstörung	2,77	4400*
					$F_e = 3{,}1$ cm²	Höchstlast	2,84	4500*
53 b	21,4	25,0	22,0	3,4	St 55 $\sigma_s = 3930$ kg/cm²	Vor dem Fließen erreichte Last	2,73	4550
						Nach Entlastung Fließen bei	2,67	4250*
						Beginn der Druckzerstörung	2,83	4500*
						Höchstlast	2,84	4500*
54 a	19,7	25,4	22,3	4,3		Fließbeginn	2,50	5600
						Weiteres Fließen bei	2,57	5550*
					2 Ø 12	Erreichen der Höchstlast und Beginn der Druckzerstörung	2,67	5800*
					$F_e = 2{,}22$ cm²			
					St 80	Vor dem Absinken	2,67	5800*
54 b	20,3	25,5	22,4	4,4	$\sigma_s = 4870$ bzw. $\sigma_{0{,}2} = 4740$ kg/cm²	Fließen beim Tensometer	2,45	5460
						Stetiger Anstieg bis zum Erreichen der Höchstlast und Beginn der Druckzerstörung....................	2,76	6000*

Biegeversuche.

für die Balken b $\sigma_p = 180$ kg/cm² angenommen. Die übrigen σ_e-Werte sind aus den Abb. 12β bis 15β entmen.

$10^2 \cdot \varphi_{pl}$	w mm	Δ_b mm	Bruchbereich
~ 3,5 ~ 5			2 ungleiche Bruchrisse an den Enden der Stauchungsmeßstrecke. Anteile an der gemessenen Verkürzung (letzte Ablesung 3 mm) nicht angebbar
2,5 4,7	5,5 13,5	0,9 2,0	1 Bruchriß in Balkenmitte; löchrige Stelle in der Druckzone
			$\varepsilon_b = 2,1 \to 2,4^0/_{00}$ 3,4 4,3 4 klaffende Risse, Druckzerstörung über den beiden mittleren; ~ 25 cm lang, ~ 3,5 cm hoch
	4,5 ~ 6		4 klaffende Risse; $\varepsilon_b = 2,8 \to 4,0^0/_{00}$ Riß in Balkenmitte erweitert sich stark und führt zum Bruch der Druckzone auf 4,2 eine kurze Strecke, die etwas löchrig ist. ~ 5
bis 3,5 ~ 5 > 8			1 Bruchriß am Ende der Stauchungsmeßstrecke. Tatsächliche Verkürzung nicht angebbar (gemessen bis 3 mm)
bis 1,0 3,1 4,5 $\to$ 6,8	1,1 bis 3,4 8 11 $\to$ 19	bis 0,3 0,85 1,45 $\to$ 2,5	1 Bruchriß in Balkenmitte (schon vor dem Versuch vorhanden). Druckzerstörung auf ~ 10 cm Länge
bis 1,7 4 7		bis 0,2 1,5 ~ 3	1 Bruchriß in Balkenmitte (schon vor dem Versuch vorhanden)
2,7	1,2 7,5	0,9	3 klaffende Risse; der größte in Balkenmitte (schon vor dem Versuch vorhanden) führt zur Druckzerstörung von 15 cm Länge

Aus der Tafel 6 ist ersichtlich, daß die Druckzerstörung des Betons, gekennzeichnet durch die Bildung von Längsrissen gleichlaufend zum Druckrand, bei einem $\varphi_{pl} = 0{,}025$ bis $0{,}05$ begann. Bei den Balken mit St 37 und St 55 konnte die Last noch etwas gesteigert werden, in allen Fällen war aber die Tragkraft erst erschöpft, wenn der Knickwinkel auf $0{,}05$ bis $0{,}08$ angewachsen war; dann sank die Last rasch ab, während die Druckzone auf eine kurze Strecke vollkommen zerstört wurde.

Es besteht jedenfalls ein Zusammenhang zwischen der Bruchstauchung des Betons, die in der engsten Umgebung des Bruchrisses vorhanden ist, und dem größtmöglichen Knickwinkel. Die erreichbare Dehnung des Stahls und damit die Höchstspannung hängt jedoch außer vom Knickwinkel von der Loslösungsstrecke ab; eine rechnerische Erfassung des Größtmoments bei Berücksichtigung aller dieser Abhängigkeiten ist derzeit unmöglich.

Es sind noch folgende Besonderheiten einzelner Balken zu bemerken:

Beim Balken 51 a waren bei der Anfangslast bereits mehrere Risse vorhanden (zwei davon, die späteren Bruchrisse, wurden schon unter Eigengewicht bemerkt, die übrigen entstanden beim Aufbringen der Anfangslast von 300 kg). Infolgedessen waren hier keine Formänderungen nach Zustand I erfaßbar und konnte auch die „berichtigte Krümmung" und die durchschnittliche Stahldehnung nicht ermittelt werden. Zur Berechnung der Betonrandstauchung, der Nullinie und der Spannungen diente bei diesem Balken die gemessene Stahldehnung; diese kommt der „vollen Stahlspannung" schon von Anfang an ziemlich nahe, biegt bei 2400 kg/cm² merklich ab, steigt aber doch bis zu 2770 kg/cm² an, wo dann das Strecken einsetzt. Die Ent- und Wiederbelastung nach dem teilweisen Durchlaufen des Streckbereichs lieferte Dehnungen, die schon bei 2400 kg/cm² voller Stahlspannung abbiegen und bei 2500 kg/cm² stark ansteigen, also das Strecken anzeigen. Schließlich trat eine Verfestigung bis auf 2800 kg/cm² ein. Das scheinbare hohe Ansteigen der Spannung vor dem Strecken würde verschwinden, wenn man die geradlinige Verlängerung der Dehnung von der Anfangslast bis zum Ursprung nicht gelten läßt, sondern die ganze Linie um etwa $0{,}1^0/_{00}$ gegen die M-Achse verschiebt. Dann ergibt sich der Streckbeginn bei ~ 2500 kg/cm² durchschnittlicher Stahlspannung, bei gleichzeitigem Vorhandensein von beträchtlichen Betonzugspannungen. In Anbetracht der vorhandenen Unsicherheit wurde von einer Berechnung der durchschnittlichen Betonzugspannung abgesehen.

Beim Balken 51 b wurde während des Streckens ein Schwanken der Last beobachtet, das einem Schwanken der Stahlspannung zwischen 2300 und 2450 kg/cm² entspricht. Bei den Zugproben (siehe Abb. 3) war ein ähnliches Schwanken, allerdings in engeren Grenzen, bemerkbar. Eine Verfestigung des Stahls wurde bei diesem Balken nicht erreicht; die Druckzone hatte gerade beim Bruchriß eine löcherige Stelle und brach zusammen, als die Rißweite am Zugrand 13,5 mm betrug. Beim a-Balken begann allerdings die Verfestigung schon bei einer kleineren Rißweite, die wohl nicht gemessen wurde, aber aus dem Knickwinkel φ_{pl} (Tafel 6) zu schließen ist. Die Ursache der Nichtverfestigung ist also weniger in der Schwäche der Druckzone, als in einer weitergehenden Loslösung des Stahls zu suchen.

Beim Balken 53 b ergab sich im Zustand I die durchschnittliche Stahldehnung viel kleiner als die Betonstauchung, was unmöglich ist; es muß also die gemessene Stauchung zu groß sein. Da in Balkenmitte schon vor dem Versuch ein außergewöhnlich starker Riß vorhanden war, hat offenbar die örtlich größere Betonstauchung den Fehler verursacht.

Beim Stahl St 80 geht schon aus den Zugproben hervor, daß zwei verschiedene Sorten vorlagen, eine mit ausgesprochener Streckgrenze, die andere ohne eine solche (siehe Abb. 3). In den Balken 54a und b waren nun zufällig ebenfalls beide Sorten vertreten; der a-Balken hatte einen ausgesprochenen Streckbereich mit darauffolgender Verfestigung, während der b-Balken wohl ein plötzliches starkes Anwachsen der Dehnung, aber einen stetigen Lastanstieg zeigte.

Beim Balken 54a scheint die gemessene Stahldehnung zu klein zu sein, bzw. ist die Verlängerung zum Ursprung nicht richtig, nachdem die Verlängerungen der ersten Entlastungslinien über den Ursprung hinaus in den negativen Bereich weisen. Durch entsprechende Verschiebung der ganzen Linie könnte der Endpunkt (Fließbeginn) mit dem Endpunkt der durchschnittlichen Dehnung in Übereinstimmung gebracht werden.

Bei den istegstahlbewehrten Balken 52 liegen die Verhältnisse in mehrfacher Hinsicht anders als bei den Rundstählen. Die durchschnittlichen Betonzugspannungen (siehe Abb. 17) ergeben sich deutlich höher als bei den Rundstählen, weshalb auch eine gesonderte Mittellinie eingezeichnet wurde. Bei der Form des Istegstahls (Knoteneisen) ist eine höhere Mitwirkung des Betons durchaus erklärlich.

Infolge Fehlens einer ausgesprochenen Streckgrenze gibt es hier keinen Fließbeginn: der „Beginn großer Formänderungen", der in der Tafel 6 angegeben wurde, ist mehr oder weniger willkürlich. Ein Laststillstand bei beträchtlichem Fortschreiten der Formänderungen stellt bereits die Höchstlast dar. Die plastische Dehnung tritt im ganzen Bereich des Größtmoments auf; alle Risse öffnen sich ziemlich gleichmäßig, aber lange nicht so weit wie bei den Rundstählen, so daß man mit einiger Berechtigung von einer durchschnittlichen Dehnung sprechen

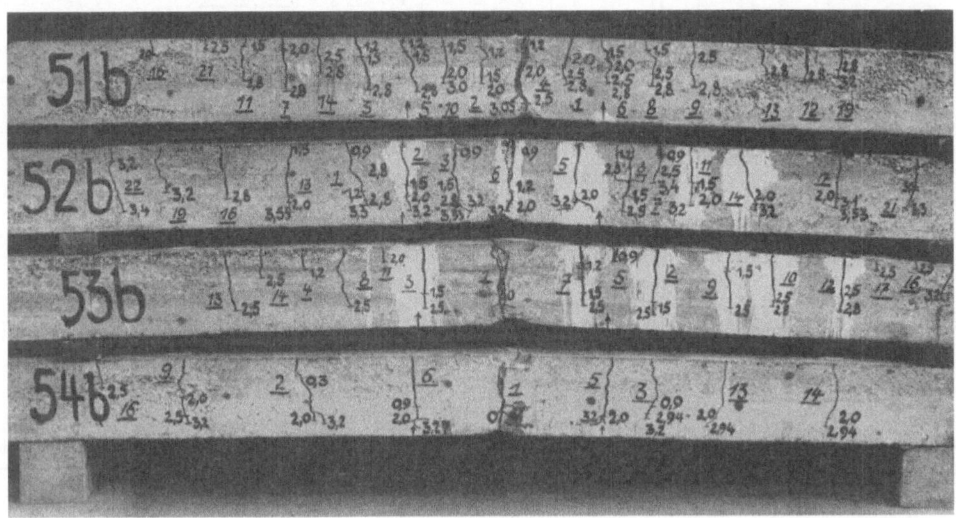

Abb. 20. Rißbilder der Balken b.

kann. Diese ist in der Nähe der Höchstlast so groß, daß ihr nach der Spannungs-Dehnungslinie (Abb. 4) eine der Zugfestigkeit nahekommende, nur mehr wenig veränderliche Spannung entspricht. Die Last und damit die volle Stahlspannung wächst jedoch noch immer, so daß bei den höchsten Laststufen ein Wiederanwachsen der durchschnittlichen Betonzugspannung herauskommt. Dies ist vergleichbar mit dem Verhalten außerhalb des Bruchrisses während der Verfestigung einer Rundstahlbewehrung. Im Riß trägt auch der Istegstahl die volle Spannung, die höher ist als die Streckgrenze bzw. die Zugfestigkeit (die beiden Begriffe fallen beim Istegstahl gewissermaßen zusammen).

Im Gegensatz zu den Rundstählen ist beim Istegstahl die Höchstlast durch Erschöpfen der Zugzone gegeben. Die Bruchstauchung des Betons beeinflußt nur die Größe der Formänderungen, bis zu der die Höchstlast bestehen bleibt. Die Betonstauchung wurde in der Längsrichtung gleichmäßig verteilt vorausgesetzt und in der Tafel 6 angegeben. Die Größtwerte 4,3 und 5^0/$_{00}$ liegen im Bereich dessen, was bisher über die Bruchstauchung bekannt ist.[1]

Die Rißbilder der b-Balken sind in der Abb. 20 wiedergegeben; die a-Balken sind zusammen mit den Stoßversuchsbalken der Reihe I in der Abb. 48 zu finden.

---

[1] Siehe SALIGER, Versuche über zielsichere Betonbildung und an druckbewehrten Balken. Beton u. Eisen, H. 1 u. 2. 1935. — BRANDTZÆG, Der Bruchspannungszustand und Sicherheitsgrad von rechteckigen Eisenbetonquerschnitten unter Biegung oder außermittigem Druck. Festschrift der Technischen Hochschule Trondheim. 1935, und Beton und Eisen, H. 13, 1936. — SALIGER, Bruchzustand und Sicherheit im Eisenbetonbalken. Beton u. Eisen. 1936. — SALIGER, Hochwertige Stähle im Eisenbetonbau (Kongreß für Brücken- und Hochbau, Berlin 1936).

Die Ziffern neben den Rißstücken bedeuten die Last $2\,P$ in Tonnen; die Rißnummern sind als unterstrichene Zahlen eingetragen. In der Darstellung der Rißweiten (Abb. 16) sind die Nummern der bedeutenderen Risse ebenfalls eingeschrieben.

Bei den Balken 51 und 52 entstanden die Risse im allgemeinen bei jedem Bügel, also in 12 cm Abstand; bei den übrigen Balken liegen die Risse in größeren Abständen, aber ziemlich regellos.

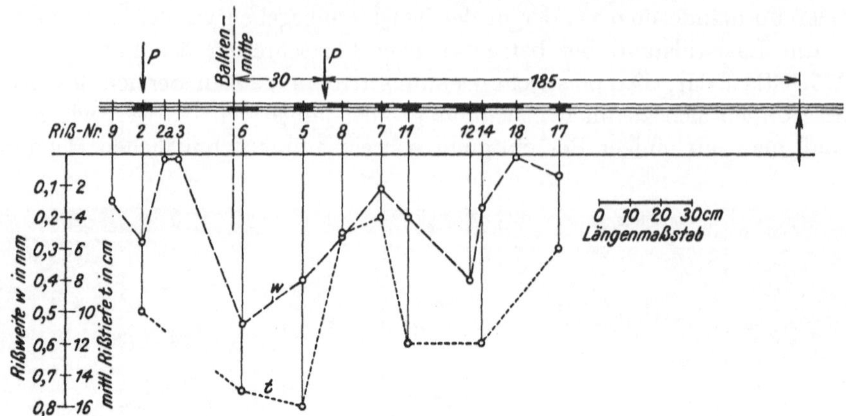

Abb. 21. Loslösungsstrecken und Rißtiefen des Balkens 52 b bei $2\,P = 2,5\,^t$.

Die mittleren Rißweiten aller Balken sind im unteren Teil der Abb. 17 dargestellt. Mit Ausnahme des Balkens 54 b folgen sie ungefähr der Gleichung

$$w = 0,2 \text{ mm} \cdot \varepsilon_e^{x\,0}/_{00}.$$

Man kann annehmen, daß diese Beziehung zwischen Rißweite und durchschnittlicher Stahldehnung unabhängig ist vom Bewehrungssatz, der hier auf die Zugrandbreite zu beziehen

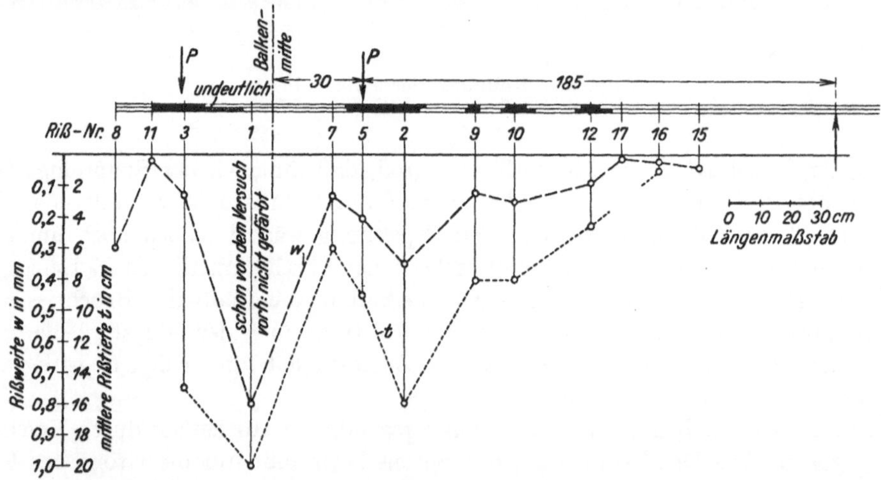

Abb. 22. Loslösungsstrecken und Rißtiefen des Balkens 53 b bei $2\,P = 2,5\,^t$.

wäre. Die gesamte Zugkraft, die das äußere Moment bestimmt, wäre zu berechnen nach der Formel:

$$Z = \varepsilon_e^x E_e F_c + \frac{1}{2}\,b_0\,(d - x)\,\sigma_{bz},$$

wobei x näherungsweise einzusetzen und σ_{bz} aus Abb. 17 (oben) zu entnehmen wäre. Der Verlauf des σ_{bz} wird natürlich für jeden Beton verschieden sein; es wären noch viele Versuche erforderlich, um allgemein gültige Angaben machen zu können. Eine Vernachlässigung der Betonzugspannungen ist nur bei starker Bewehrung am Platze; ansonsten bekäme man dadurch für ein bestimmtes Moment eine zu große Rißweite, besonders bei kleiner Beanspruchung.

Die Ergebnisse der Rißfärbung an den Balken 52b und 53b sind in den Abb. 21 und 22 dargestellt.

Die Farbe drang nicht nur in den Riß ein, sondern auch zwischen den Beton und die Bewehrungsstäbe; so konnte die Loslösung des Stahls festgestellt werden.

Die beiden Streifen oben in den Abbildungen bedeuten die beiden Bewehrungsstäbe; die gefärbten, also losgelösten Strecken sind schwarz dargestellt. Darunter sind die durch die Färbung festgestellten Rißtiefen im Innern des Balkens sowie die gemessenen Rißweiten aufgetragen.

Abb. 23. Balken 54 a, Riß 4 (nach dem Bruch gefärbt).

Abb. 24. Balken 54 a, Loslösung bei den Rissen 5 und 6 (nach dem Bruch gefärbt).

Jene Risse, wo keine Tiefe angegeben ist, wurden nicht gefärbt. Die Rißtiefe im Innern des Balkens ist oft bedeutend kleiner als die außen sichtbare. Die Abb. 23 zeigt einen gefärbten Riß; rechts ist das weitere Hinaufreichen außerhalb des Bügels deutlich sichtbar. In der Abb. 24 sind die vom Beton befreiten Stahlstäbe mit den gefärbten Loslösungsstrecken zu sehen.

C. Stoßversuche.

m) Theorie des Biegungsstoßes.

Bevor auf die Beschreibung der Stoßversuche eingegangen wird, ist eine kurze Darlegung der theoretischen Grundlagen notwendig.

Wenn ein Balken von einer herabfallenden Last getroffen wird und der Stoß „vollkommen unelastisch" ist, bewegt sich die Last gemeinsam mit dem Balken, gleichsam mit diesem verbunden, weiter; infolge des Biegewiderstandes des Balkens entsteht eine elastische Schwingung. Der einfachste Fall, ein Balken auf zwei Stützen mit einer Last in der Mitte, wurde von KAUFMANN[1] ausführlich behandelt. Mit den Bezeichnungen:

$P =$ Last in Balkenmitte

$G =$ Balkengewicht

$$\nu = \frac{P}{G}$$

$f =$ sekundliche Schwingungszahl

$l =$ Stützweite

$y_{0m} =$ Schwingungsausschlag der Balkenmitte

$y =$ Entfernung von der Ruhelage für einen Balkenpunkt im Abstand x vom Auflager zur Zeit t

$\mu =$ Masse des Balkens je Längeneinheit

---

[1] Beitrag zur Beurteilung der Stoßwirkung herabfallender Körper auf einfache Balken. Bauing., 5. Jahrg., S. 498 u. 545. 1924.

ist die Schwingung durch folgenden Ausdruck gegeben:

$$y = y_{0m}\, \frac{v\,u}{2\cos u}\left(\sin\frac{2\,u}{l}\,x - \frac{\cos u}{\mathfrak{Cos}\,u}\,\mathfrak{Sin}\frac{2\,u}{l}\,x\right)\sin\beta\,t. \tag{1}$$

Die Größe u ist zu bestimmen aus der „Frequenzgleichung":

$$\operatorname{tg} u - \mathfrak{Tg}\,u = \frac{2}{v\,u}. \tag{2}$$

Die kleinste Wurzel u_0 dieser Gleichung liefert die „Grundschwingung"; die weiteren Wurzeln geben die „harmonischen Oberschwingungen", mit denen wir uns hier nicht befassen wollen. Im Grenzfall $v = 0$ ist $u_0 = \frac{\pi}{2}$, mit wachsendem v nimmt es ab.

Die „Kreisfrequenz" β ist gegeben durch:

$$\beta = 2\,\pi\,f = \frac{4\,u^2}{l^2}\sqrt{\frac{E\,J}{\mu}}. \tag{3}$$

Die Krümmung in Balkenmitte ergibt sich durch Differenzieren:

$$\frac{M_m}{E\,J} = \frac{1}{\varrho_m} = \frac{y_m}{l^2}\,\psi \quad\text{mit}\quad \psi = 2\,v\,u^3\,(\operatorname{tg} u + \mathfrak{Tg}\,u). \tag{4}$$

Die Werte $4\,u^2$ und ψ sind in Abb. 33 in Abhängigkeit von v dargestellt.

Die Geschwindigkeit beim Durchgang durch die Ruhelage, das ist die statische Biegelinie durch die Last P und das Eigengewicht, ist

$$v_{0m} = \beta\,y_{0m}. \tag{5}$$

Die Änderung der Geschwindigkeit während des Durchlaufens der statischen Durchbiegung durch P unmittelbar nach dem Stoß kann vernachlässigt werden, wenn die Fallhöhe im Verhältnis zur statischen Durchbiegung groß ist.

Wenn beim Moment $M_F\left(\text{mit } \frac{1}{\varrho_F} = \frac{M_F}{E\,J}\right)$ ein bildsamer Zustand — beim Eisenbetonbalken die Streckgrenze der Bewehrung — erreicht wird, beginnt bei

$$y_F = \frac{1}{\varrho_F}\cdot\frac{l^2}{\psi} \tag{6}$$

eine neue Art der Bewegung.[1] Jede Balkenhälfte dreht sich um das Auflager unter Beibehaltung der gerade vorhandenen Biegelinie; durch das Moment M_F, das am Ende der Balkenhälfte angreift, wird diese Drehung gleichförmig verzögert. Gleichzeitig entstehen in der Balkenhälfte auch neue Schwingungen, deren Gesetz sich leicht ableiten läßt; ihr Ausschlag ist jedoch sehr klein. Die Drehung um die Auflager dauert so lange, bis ihre anfängliche Bewegungsenergie sich in plastische Arbeit des Momentes M_F:

$$A_{pl} = M_F\,\varphi_{pl}$$

umgesetzt hat. φ_{pl} ist der entstehende Knickwinkel der Biegelinie in Balkenmitte, der beim Eisenbetonbalken durch einen klaffenden Riß und eine bleibende Verkürzung des Druckrandes gekennzeichnet ist. Für den Knickwinkel läßt sich folgende Formel ableiten:

$$\varphi_{pl} = \frac{l}{\varrho_F}\left[\left(\frac{v_{0m}}{y_F\,\beta}\right)^2 - 1\right]\frac{24}{(2\,u)^4\,(1 + 3\,v)}. \tag{7}$$

Die Einsenkung der Balkenmitte infolge φ_{pl} ist dann:

$$y_{pl} = \frac{l}{2}\sin\frac{\varphi_{pl}}{2} \doteq \frac{l\,\varphi_{pl}}{4} = y_F\left[\left(\frac{y_0}{y_F}\right)^2 - 1\right]\chi \tag{8}$$

mit $y_0 = \dfrac{v_{0m}}{\beta}$ und $\chi = \dfrac{6\,\psi}{(2\,u)^4\,(1 + 3\,v)}.$

Der Beiwert χ ist in Abb. 33 ersichtlich.

---

[1] BITTNER: Der Widerstand von Eisenbetonbalken gegen herabfallende Lasten. Bauing., H. 33/34. 1936.

v_{0m}, die gemeinsame Geschwindigkeit von Last und Balkenmitte nach dem Stoß, ist nach den Stoßgesetzen zu berechnen. Beim geraden, mittigen Stoß zweier Körper mit den Massen m_1 und m_2, der Geschwindigkeit v_1 (und $v_2 = 0$) vor dem Stoß und v_1' bzw. v_2' nach dem Stoß gilt nach dem Satz vom Kraftantrieb:

$$m_1 (v_1 - v_1') = m_2 v_2'.\tag{9}$$

Beim unelastischen Stoß ist

$$v_1' = v_2' = \frac{m_1 v_1}{m_1 + m_2}.\tag{10}$$

Ist nun der gestoßene Körper ein Balken, also ein elastischer gestützter Körper, so ist statt m_2 eine „reduzierte Masse" m_2' einzusetzen.

Die reduzierte Masse des Balkens wird in den Lehrbüchern der Mechanik näherungsweise mit $m_2' = \frac{17}{35} m_2$ angegeben. Diese Zahl ergibt sich aus dem Vergleich des Energieverlustes beim Stoß zweier freier Körper und beim Biegestoß.

ZSCHETZSCHE[1] wendet den Satz vom Kraftantrieb auf den Biegestoß an unter der stillschweigenden Annahme, daß an den Auflagern des Balkens keine Momentankräfte auftreten, also auch kein Kraftantrieb wirkt; er bekommt

$$m_2' = \frac{5}{8} m_2.\tag{11}$$

Dabei sind die Geschwindigkeiten der einzelnen Balkenpunkte unmittelbar nach dem Stoß so verteilt gedacht, wie die Durchbiegungen unter einer in Balkenmitte ruhenden Einzellast.

KAUFMANN[2] übernimmt die Ableitung ZSCHETZSCHES und weist nach, daß nach der erwähnten Geschwindigkeitsverteilung die harmonischen Oberschwingungen äußerst klein werden. Wenn man sie von vornherein als nicht vorhanden und die Geschwindigkeiten entsprechend der Biegelinie der Grundschwingung verteilt annimmt, ergibt sich für die reduzierte Masse der Ausdruck:

$$m_2' = m_2 \cdot \nu \left(\frac{1}{2 \cos u} + \frac{1}{2 \operatorname{\mathfrak{Cof}} u} - 1 \right).\tag{12}$$

Er liefert $\frac{5}{8} m_2 = 0{,}625\, m_2$ für den Grenzfall $\nu = \infty$ und $\frac{2}{\pi} m_2 = 0{,}6366\, m_2$ für $\nu = 0$. Für kleine ν sind also die Werte etwas größer als die Näherung von ZSCHETZSCHE.

KAUFMANN berichtet über einige Versuche mit eisernen Trägern $\text{I}\,14$ und $\text{I}\,16$, die mit einer Stützweite von 5,8 m frei drehbar gelagert waren und durch einen aus 1,75 m Höhe auf die Trägermitte herabfallenden Eisenkern von 20 kg Gewicht gestoßen wurden. Die gemessenen Schwingungsausschläge stimmen sehr gut mit den nach obigen Annahmen berechneten überein.

Vom Vorstehenden abweichend, denkt sich KÖGLER[3] den Balken zunächst in der Mitte durchschnitten, so daß er dem Stoß keinen Biegewiderstand, sondern nur seine Trägheit entgegensetzt. Die reduzierte Masse eines Stabes, der an einem Ende festgehalten und am anderen gestoßen wird, ist $\frac{m}{3}$; dabei wirkt am festgehaltenen Ende eine Momentankraft in derselben Richtung wie der Stoß. Bei einem frei aufliegenden Stab, der gegen Abheben nicht gesichert ist, wäre $m' = \frac{m}{4}$.

KÖGLER setzt jedoch

$$m_2' = \frac{m_2}{2}\tag{13}$$

und findet bei Anwendung von Näherungsformeln für den Schwingungsausschlag befriedigende Übereinstimmung seiner Rechnung mit von ihm durchgeführten Versuchen. Die Nachrechnung dieser Versuche nach der genauen Schwingungstheorie von KAUFMANN ergibt folgendes:

---

[1] Berechnung dynamisch beanspruchter Tragkonstruktionen. Z. VDI, S. 134. 1894.
[2] Siehe Fußnote S. 33.
[3] Über die Stoßwirkung fallender Lasten auf Tragwerke, „Der Brückenbau", S. 191 u. 197. 1912.

Bei Versuchen mit Reißschienen von 88 und 136 cm Stützweite ist die aus dem gemessenen Schwingungsausschlag berechnete Anfangsgeschwindigkeit v_{0m} wesentlich (um 10 bis 20%) kleiner als nach der Formel

$$v_{0m} = v_1 \frac{P}{P + \dfrac{G}{2}}.$$

Da bei Reißschienen der Luftwiderstand bedeutend sein muß, ist der Unterschied erklärlich.

Bei weiteren Versuchen mit Holzbohlen von 3 m Stützweite ist ebenfalls ein Unterschied vorhanden, aber weniger groß (5 bis 9%). Bei eisernen Trägern von 3 m Stützweite endlich zeigt sich recht gute Übereinstimmung.

Als Fallgewichte wurden hier durchwegs Sandsäcke verwendet. In Trägermitte war eine Platte zum Auffangen des Sandsacks angebracht; sie wurde als ruhende Einzellast in der Berechnung berücksichtigt. Sämtliche Versuchswerte der Holzbohlen und Träger sowie die Nachrechnung sind aus der Tafel 7 ersichtlich. Bei den Holzbohlen ist die statische Durchbiegung durch P so groß, daß die Geschwindigkeitszunahme vom Stoß bis zur Ruhelage nicht vernachlässigt werden darf. Für den Augenblick unmittelbar nach dem Stoß gilt:

$$y_{St} = y_0 \sin \beta \, t_0$$

und $\quad v_{0m} = \beta \, y_0 \cos \beta \, t_0,$ daraus ergibt sich

$$v_{0m} = \beta \sqrt{y_0{}^2 - y_{St}{}^2} \quad \text{(vorletzte Zeile der Tafel).} \tag{14}$$

Anderseits ist in der letzten Zeile die Geschwindigkeit $\overline{v_{0m}}$ nach der Stoßformel angegeben. Aus den beiden Zeilen sind die oben angeführten Ergebnisse abzulesen.

n) Versuchseinrichtung.

Die Stoßversuche wurden in der Bauhalle der Technischen Versuchsanstalt durchgeführt. Die Stützweite der Balken betrug 3,70 m wie bei den ruhigen Biegeversuchen; eine Last fiel auf die Balkenmitte herunter. Hierzu diente ein rammenähnliches stählernes Gerüst, in dem die Last zwischen zwei Führungsschienen mittels Winde hochgezogen wird. Durch einen verstellbaren Anschlag wird die Aufhängung selbsttätig ausgelöst (Abb. 25).

Das Fallgewicht besteht aus einem stählernen Korb von 92 kg Gewicht, der mit Betonsteinen 12 . 15 . 25 cm in 6 Lagen, je 6 Stück, beladen werden kann. Ein Stein wog vor den Versuchen 10 kg, so daß das Gesamtgewicht des vollbeladenen Korbes 452 kg betrug. Durch die Stöße wurden vielfach die Kanten der Steine abgeschlagen; nach Beendigung der ersten Reihe wurde ein Gewichtsverlust von zusammen 14 kg festgestellt, der sich bis zum Schluß der Versuche auf 24 kg erhöhte.

Die Betonsteine wurden mittels eines darübergeschobenen Brettes und mit Keilen im Korb festgeklemmt, damit das Fallgewicht als einheitliches Ganzes wirken sollte. Der Blechboden des Korbes wird von zwei kräftigen $\lfloor$-Eisen getragen, dazwischen ist eine Stahlwalze von ~ 8 cm Durchmesser angeschweißt, die den Stoß aufnimmt. Bei den Balken d wurde auch ein kleines Fallgewicht angewendet. Es bestand aus einem Rahmen, der zwischen den Führungsschienen lief und 8,3 kg wog. Zur Steigerung des Gewichtes waren je eine Stahlplatte zu 2, 3 und 5 kg und 3 Stück je 10 kg vorhanden, die auf zwei Schraubenbolzen aufzuschieben und niederzuschrauben waren. Mit ihnen konnte also die Last bis auf 48,3 kg erhöht werden. Das kleine Fallgewicht ist in Abb. 26 zu sehen.

Am Eisenbetonbalken ist eine stählerne Stoßplatte festgeschraubt, die ein aufgeschweißtes Stück mit zylindrischer Oberfläche trägt. Da diese Zylinderfläche gegen diejenige am Fallgewicht gekreuzt ist, erfolgt die Berührung beim Stoß in einem Punkt. Die Stoßplatte liegt auf einer Fläche von 20 . 20 cm am Balken auf, mit einer Zwischenlage aus Zementmörtel von einigen Millimetern Dicke. Der Versuchsbalken ist auf einer Seite unverschieblich, aber frei drehbar, auf der andern Seite beweglich gelagert; die Lager sind so gestaltet, daß sie auch nach aufwärts gerichtete Kräfte, die bei den Schwingungen des Balkens entstehen, aufnehmen können.

Tafel 7. Fallversuche von KÖGLER.

Versuchs-Nummer	b	c	d	e	f	g	h	i	k	l	m	n
Balkenquerschnitt		⊢ D. N. P. Nr. 8			⊢ D. N. P. Nr. 12		Holzbohle ▢ 8/8 cm			Holzbohle ▭ 28/3 cm		
Stützweite l in m		3,0			3,0			3,0			3,0	
Balkengewicht G in kg		17,1			33,32			11,0			11,96	
Ruhende Einzellast in Balkenmitte, P_0 in kg		1,0			1,0			1,0			0	
$\gamma = \dfrac{48\,E\,J}{l^3}$ in kg/cm		21,75			80,4			76,1			12,52	
Fallende Last P in kg..........	4,78	9,67	14,62	5,03	9,63	14,75	5,03	9,63	14,75	5,03	9,58	14,73
Fallhöhe h_f in cm	85	24	10	274	81	40	250	75	30	274	85	40
Gemessene Durchbiegung y in cm	3,80	3,77	3,53	2,79	2,70	2,74	3,52	3,306	2,802	9,86	9,19	8,83
Statische Durchbiegung $y_{St} = \dfrac{P}{\gamma}$ in cm	0,22	0,44	0,67	0,06	0,12	0,18	0,07	0,126	0,194	0,40	0,76	1,18
Schwingungsausschlag $y_0 = y - y_{St}$ in cm	3,58	3,33	2,86	2,73	2,58	2,56	3,45	3,180	2,608	9,46	8,43	7,65
$v = \dfrac{P + P_0}{G}$	0,338	0,624	0,913	0,181	0,320	0,473	0,548	0,968	1,431	0,421	0,802	1,232
$4\,u^2$ (aus Abb. 33)	7,58	6,56	5,84	8,51	7,70	7,07	6,80	5,72	5,01	7,26	6,10	5,27
$\beta = 4\,u^2 \sqrt{\dfrac{\gamma\,981}{48\,G}}$	38,6	33,5	29,8	60,0	54,2	49,8	81,0	68,1	59,6	33,5	28,2	24,4
Anfangsgeschwindigkeit $v_{0m} = \beta\sqrt{y_0{}^2 - y^2{}_{St}}$ in cm/sec	138,3	110,3	82,9	164,0	140,0	127,4	279,3	216,6	155,6	317,0	237,0	184,0
Anfangsgeschwindigkeit $\overline{v_{0m}} = \dfrac{\sqrt{2\,g\,h_f}\,P}{P + P_0 + \dfrac{G}{2}}$ in cm/sec	136,0	109,2	85,0	162,3	141,0	127,4	304,5	229,0	169,0	335,0	251,0	200,0

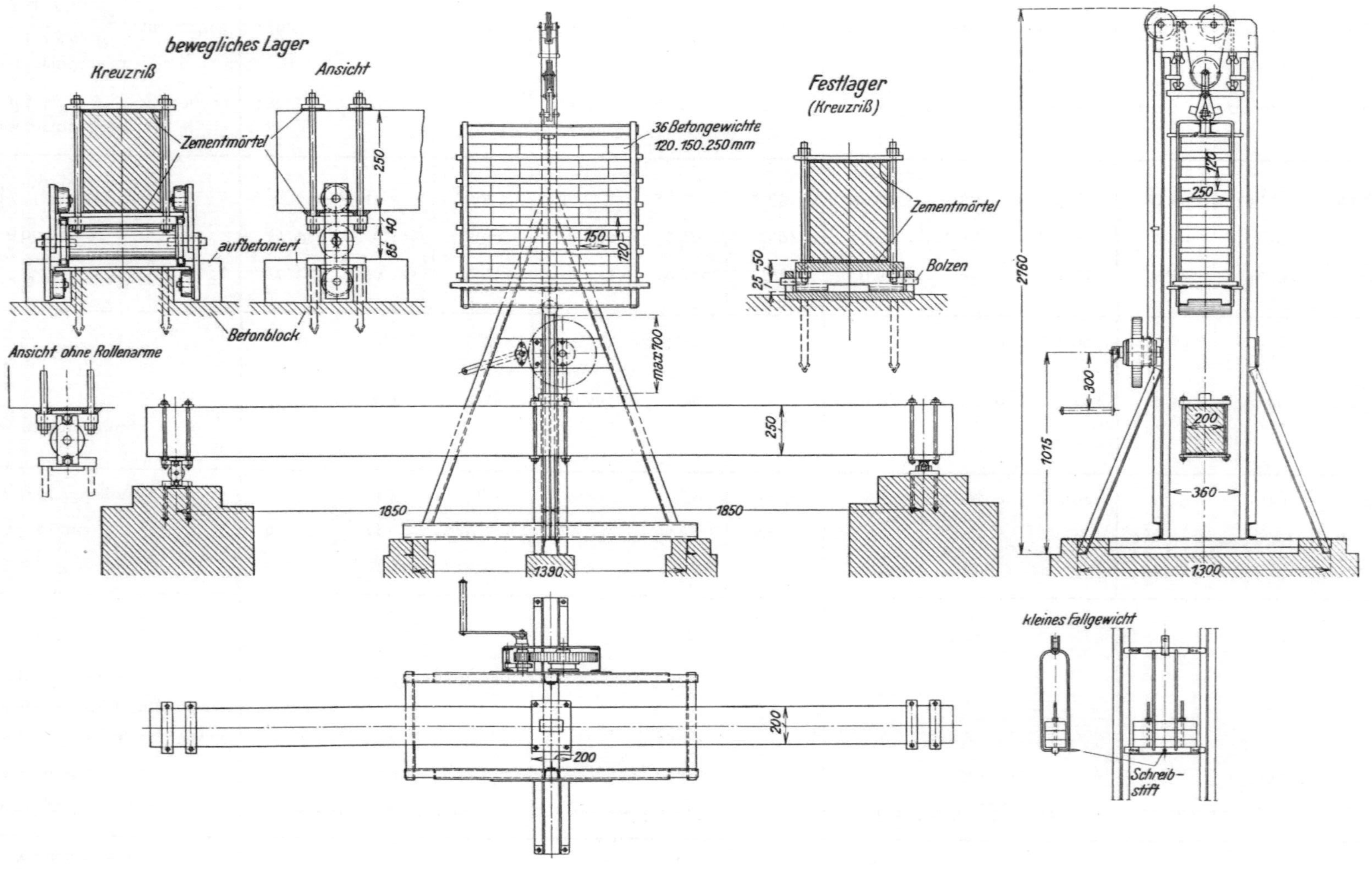

Abb. 25. Versuchseinrichtung für die Stoßversuche.

Das feste Lager besteht aus einer Stahlwalze, die an der oberen Lagerplatte angeschweißt ist. Seitlich eingeschraubte Bolzen, die in Ösen eingepaßt sind, verhindern eine Längsbewegung und ein Abheben des Balkens.

Das bewegliche Lager wird durch eine Rolle von 8,5 cm Durchmesser gebildet. Die Aufnahme der Zugkräfte bei voller Beweglichkeit der Rolle war hier durchaus nicht einfach.

4 Flacheisen, die auf Achsstummel der Rolle aufgeschoben sind und am anderen Ende kleine Stahlrollen tragen, verhängen die Rolle gegen die vorstehenden Ränder der oberen bzw. unteren Lagerplatte. Dadurch ist ein Abheben der Lagerteile voneinander verhindert und trotz-

Abb. 26. Kleines Fallgewicht.

Abb. 27. Festes Lager.

dem die Verschieblichkeit und Verdrehbarkeit des Lagers gewahrt. Die ganze Anordnung ist in Abb. 25 dargestellt. In Abb. 27 ist das feste Lager, in der Abb. 28 das bewegliche Lager nach dem Versuch, also in verschobener und verdrehter Lage, zu sehen, die Abb. 29 zeigt die gesamte Versuchsanordnung.

Die oberen Lagerplatten sind an den Balkenenden festgeschraubt, die unteren in Betonblöcken von 1.1 m Grundriß und 50 cm Höhe verankert. Diese Betonblöcke waren schon vorhanden und wurden auf dem gepflasterten Boden der Bauhalle in Zementmörtel verlegt. Vorhandene Durchbohrungen der Blöcke wurden nach Bedarf erweitert, um die Verankerung der Lager aufnehmen zu können. Die ganzen Lager wurden im vorgesehenen Abstand an einem Holzbalken angeschraubt und dieser genau waagrecht eingerichtet; dann wurden die unteren Lagerplatten einbetoniert. Die Füße des Rammgerüstes wurden nach genauem Einrichten ebenfalls einbetoniert, so daß es während der ganzen Versuchsdauer unverrückbar feststand.

Bei der Reihe I stand das Gerüst unmittelbar auf dem Boden; für die Reihe II wurde es dann, um die größtmögliche Fallhöhe auszunützen, so weit gehoben, daß die Verbindungsträger zwischen den Füßen rund 12 cm unter die Balkenunterkante zu liegen kamen; die Füße wurden mit alten Betonvierkanten untermauert und einbetoniert.

Bei den Balken f war dann der Raum von 12 cm für die Durchbiegung zu klein; dem wurde dadurch abgeholfen, daß zwischen den Balken und die Lagerplatten Holzklötze von rund 10 cm Höhe eingelegt wurden.

Beim Einbau des Versuchsbalkens wurden sämtliche Stahlteile, die auf den Balken zu liegen kommen, mit einer Zementmörtelschicht versehen, die 3 bis 4 Tage erhärtete, bevor der Versuch begann.

Die Schwingungen des Balkens wurden auf berußten Glasplatten aufgezeichnet. Zu diesem Zweck wurde beiderseits je ein Loch in den Balken gebohrt und ein Stahlstift mit scharfer

Abb. 28. Bewegliches Lager nach dem Versuch.

Abb. 29. Gesamtansicht der Versuchseinrichtung bei Reihe I.

Spitze einzementiert. In Balkenmitte war dies nicht möglich, da die Führungsschienen des Rammgerüstes im Wege sind; deshalb wurden die Stifte 15 cm von der Balkenmitte gegen das feste Lager hin angebracht; der Unterschied in der Durchbiegung beträgt ungefähr 2% und wurde

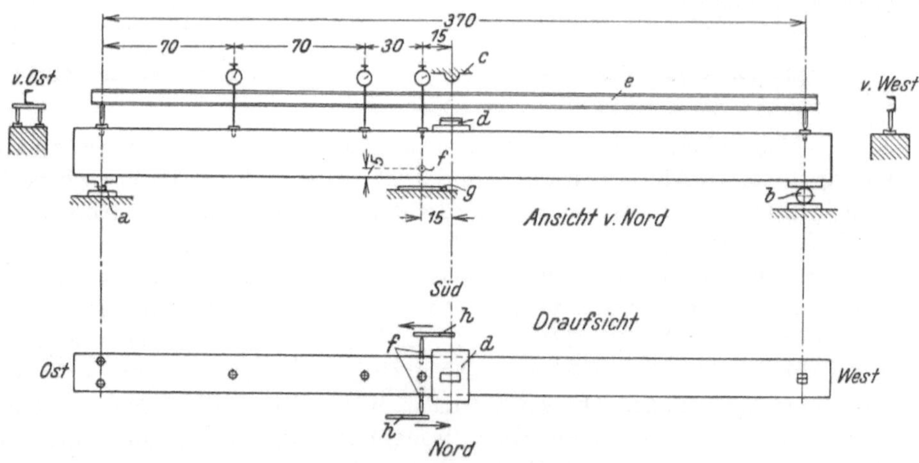

Abb. 30. Messungen bei den Stoßversuchen, Reihe I.
a Festlager,   b Bewegliches Lager,   c Fallgewicht,   d Stoßplatte,   e Meßbrücke,   f Schreibstifte,   g Glasplatte als Unterlage, h Berußte Glasplatten; die Pfeile geben die Bewegungsrichtung an.

bei der Auswertung berücksichtigt. Die berußten Glasplatten wurden von Hand aus vorbeigeschoben; als Unterlage diente eine Glasplatte, die auf einem festen Tisch aus Betonwürfeln befestigt war. Die Aufzeichnung auf beiden Seiten war notwendig, um etwaige Torsionsschwingungen des Balkens durch Mittelbildung auszuschalten. Bei den meisten Stößen wurde unter der Anfangslinie vor dem Stoß noch die Ruhelage nach dem Stoß bei aufsitzendem und sodann bei abgehobenem Fallgewicht angezeichnet. Das gibt den Zuwachs der bleibenden Durch-biegung und die statische Durchbiegung unter der Last. Die Platten der Reihe I wurden mit Schellack fixiert und aufbewahrt; für die Bearbeitung wurden Rotpausen im Kontaktverfahren hergestellt. Bei den späteren Versuchen wurden die meisten Platten unfixiert unter dem Mikroskop ausgemessen und beim nächsten Balken wieder verwendet.

Die bleibenden Durchbiegungen des Stoßbalkens wurden ähnlich wie bei den ruhigen Biegeversuchen an 3 Stellen gemessen. Die Zeiß-Meßuhren waren mit einer Feststellvorrichtung versehen und auf einer Meßbrücke befestigt, die vor jedem Stoß abgehoben und nachher wieder aufgesetzt wurde; sie war auf Stahlplättchen, die mittels eines Bolzens in den Balken eingelassen

Abb. 31. Aufzeichnung der Balken-schwingungen.

Abb. 32. Anordnung zum Auf-zeichnen der Bewegung des großen Fallgewichtes.

und einzementiert waren, in eindeutiger Weise gelagert. Über dem Festlager des Balkens war auch die Meßbrücke festgelagert, indem ein Fuß mit seiner Spitze in eine kegelförmige Vertiefung des Unterlagsplättchens eingriff; das Plättchen auf der Seite des beweglichen Lagers war mit einer keilförmigen Längsnut versehen. Die Unterlagsplättchen für die Fühlstifte der Meßuhren waren ebenfalls im Balken einzementiert, damit sie durch die Stöße nicht gelockert werden konnten. Die gesamte Anordnung der Meßstellen bei der Reihe I ist in Abb. 30 dargestellt; Abb. 31 zeigt die Ausführung der Schwingungsaufzeichnung. Es war große Geschicklichkeit dazu erforderlich, die gesamte Schwingung ohne Unterbrechung auf die Platte zu bekommen, denn der Balken bewegte sich zuweilen auch seitlich, also von der Platte weg. Außerdem war der Raum durch das Rammgerüst sehr beengt und das Herabfallen der Last in nächster Nähe machte die Arbeit unangenehm. Mit wenigen Ausnahmen ist es trotzdem gelungen, brauchbare Aufzeichnungen zu erzielen. Zum Aufzeichnen der Fallgewichtsbewegung (bei Reihe II) diente ein Stahlstift, der beim kleinen Fallgewicht in der Mitte über dem Balken, beim großen Korb dagegen seitlich angebracht war. Dementsprechend war ein Tisch mit zwei Glasunterlagsplatten erforderlich, der in den Abb. 26 und 32 ersichtlich ist. Zur Aufzeichnung dienten berußte Glasplatten von ~ 25 cm Höhe, die für eine Fallhöhe von ~ 20 cm ausreichten. Bei größerer Fallhöhe bewegte sich der Stift über den Rand der Platte hinaus und mußte beim Fallen gewissermaßen aufgefangen werden; dieses Kunststück gelang bei Fallhöhen bis zu 40 cm. (So hohe Platten wären zum Schieben zu unhandlich.) Vor dem Stoß wurde bei am Balken aufsitzendem Fallgewicht die Anfangslage über die ganze Plattenbreite eingezeichnet; von dieser Linie aus wurden bei der Auswertung alle Höhenabstände gemessen. Bei großen Lasten wurde die statische Durchbiegung berücksichtigt.

o) Versuchsvorgang.

Vor dem ersten Stoßversuch mit dem Balken 51c wurde die Fallhöhe auf rund 20 cm eingestellt und während der ganzen Reihe I nicht mehr verstellt, so daß sie sich jeweils um die bleibende Durchbiegung des Balkens vermehrte.

Die anzuwendenden Lasten und die Anzahl der Schläge waren im voraus nicht festgesetzt worden; sie ergaben sich während des Versuches mit den Balken 51c und 51e und wurden bei den weiteren Balken beibehalten. Bei den c-Balken wurde mit dem leeren Korb begonnen und die Last langsam gesteigert, wobei mit den beiden ersten Laststufen je 3 Schläge, mit den folgenden nur je 2 Schläge ausgeführt wurden.

Es entstanden mehrere Risse, die zum Teil bis zum Druckrand durchgingen als Folge der Aufwärtsschwingung. Die bleibende Durchbiegung war zunächst mäßig und wuchs erst dann beträchtlich, als sich in Balkenmitte ein Riß immer weiter öffnete, was auf ein Strecken des Stahls schließen ließ. Wenn schließlich eine Druckzerstörung des Betons unter der Stoßplatte entstand, wurde der Versuch abgebrochen. Bei den e-Balken wurden mit 4, 5 und 6 Steinlagen je zwei Stöße ausgeführt. Da eine weitere Steigerung der Last nicht möglich war und außerdem die Druckzerstörung begonnen hatte, war damit der Versuch beendet.

Die Stoßversuche der Reihe I lieferten die Schwingungsausschläge und bleibenden Durchbiegungen, zum Teil auch die statische Durchbiegung. Der Vergleich mit den ruhigen Biegeversuchen zeigte sofort, daß die federnden Durchbiegungen beim Stoß wesentlich größer waren als beim ruhigen Versuch, so daß man aus letzterem nicht mehr auf das Biegemoment beim Stoß schließen konnte. Ferner war aus den Schwingungsbildern nicht zu ersehen, ob sich das Fallgewicht nach dem Stoß gemeinsam mit dem Balken bewegte oder nicht. Gewisse Knickpunkte der Schwingungslinie schienen auf einen zweiten Aufschlag innerhalb der ersten Halbwelle hinzudeuten. Sicher war nur, daß das Fallgewicht nach der ersten Halbwelle in die Höhe geworfen wurde und wieder auf den Balken herabfiel, nachdem dieser einige Schwingungen allein ausgeführt hatte. In Anbetracht dieser Unklarheiten wurde die Auswertung der Reihe I zunächst zurückgestellt und die Reihe II in Angriff genommen, um durch Aufzeichnung der Fallgewichtsbewegung die Sachlage zu klären. Falls ein teilweise elastischer Stoß vorliegt, müßte ein sehr kleines Fallgewicht eine negative Geschwindigkeit bekommen, d. h. es müßte ein Rücksprung auftreten, dessen Höhe meßbar wäre und den Wert v_1' liefern würde. Die Anfangsgeschwindigkeit der Balkenmitte ergibt sich aus dem Ausschlag und der Kreisfrequenz, die, wie noch später beschrieben wird, ebenfalls mit Hilfe der Rücksprunghöhe berechnet werden kann. Aus den drei Geschwindigkeiten v_1, v_1' und v_2' ist dann nach Gl. 9 (S. 35) die reduzierte Masse des Balkens bestimmbar, was dringend wünschenswert war, da auf Grund der widersprechenden Ergebnisse von KAUFMANN und KÖGLER keine der beiden Annahmen als richtig vorausgesetzt werden konnte. Diese Erwägungen veranlaßten bei den d-Balken die Anwendung des schon beschriebenen kleinen Fallgewichtes von 8 kg mit Steigerungsmöglichkeit bis 48 kg. Bei einem Vorversuch mit fester Unterlage zeigte sich, daß der leere Rahmen durch den Stoß in heftige Schwingungen geriet, wodurch der Rücksprung beeinflußt wurde; bei Auflage einer Belastungsplatte waren die Schwingungen wesentlich schwächer. Deshalb wurde stets mit $P = 10$ kg begonnen.

Die Last und die Fallhöhe wurden so verändert, daß eine langsame Steigerung der Beanspruchung eintrat. Auf diese Weise wurde der Beginn der bleibenden Durchbiegung und der Rißbildung genau festgehalten. Wenn eine nennenswerte Zunahme der bleibenden Durchbiegung eintrat, wurde der Stoß mit gleicher Last und Fallhöhe so oft wiederholt, bis ein Beharrungszustand erreicht war.

Bei 48 kg und 40 cm Fallhöhe war die Steigerungsmöglichkeit des kleinen Fallgewichtes erschöpft und es folgte das große Fallgewicht mit 151 kg. Der leere Korb zeigte ebenso wie der kleine Rahmen unerwünschte Schwingungserscheinungen und wurde deshalb nicht angewendet. Der Sprung in der Beanspruchung ist unbedenklich, da im grundsätzlichen Verhalten des Balkens sich nichts ändert. Der Beginn der plastischen Verformung (Strecken) wurde durch langsames Steigern der Beanspruchung wieder genau festgestellt; er ist dadurch gekennzeichnet, daß bei wiederholten Stößen kein Beharrungszustand, sondern immer der gleiche kleine Zuwachs an bleibender Durchbiegung eintritt.

Um bei den vielen Schlägen das zeitraubende Aufsetzen und Abheben der Meßbrücke zu ersparen, wurde an einer Balkenseite an Stelle der Schwingungsaufzeichnung eine Meßuhr am Meßtisch befestigt. Der Balken erhielt dort statt des Schreibstiftes ein Plättchen, auf welches zunächst ein Stahlklötzchen von 1 cm Höhe gelegt wurde; gegen dieses stützte sich der Fühlstift der Meßuhr. Beim Stoß wurde der Stift mittels der Feststellvorrichtung abgehoben und außerdem das Klötzchen entfernt, damit der Balken beim Aufwärtsschwingen nicht an die Meßuhr stoßen konnte. Diese Meßuhr diente zur Ablesung der bleibenden und der statischen Durchbiegung. Zur Kontrolle wurde auch mehrmals die Meßbrücke angewendet. Die Schwingungsaufzeichnung geschah jetzt nur auf einer Seite.

Beim Balken 51 d, dem ersten dieser Reihe, wurde nach Erreichen der Streckbeanspruchung abermals das kleine Fallgewicht angewendet. Es sollte eine etwaige Änderung der reduzierten Masse infolge der im mittleren Balkenteil kleiner gewordenen Steifheit EJ festgestellt werden. Es zeigte sich dabei, daß der Balken seine bleibende Durchbiegung wieder verringerte und die Schwingungsbilder Unregelmäßigkeiten aufwiesen, die eine verläßliche Auswertung verhinderten. Eine Änderung der reduzierten Masse ergab sich nicht. Deshalb wurde dieser Teil bei den weiteren Balken weggelassen und gleich der letzte Teil des Versuchs vorgenommen. Dieser bestand aus 1 bis 2 Schlägen mit vollbeladenem großen Korb, die eine plastische Einsenkung von mehreren Millimetern hervorriefen, und einem Schlag mit der größten verfügbaren Fallhöhe von 70 cm. Vor diesem letzten Schlag wurden vorsichtshalber die Schreibstifte und Glasunterlagen entfernt, so daß lediglich der Zuwachs der bleibenden Durchbiegung, der mehrere Zentimeter betrug, an der Meßbrücke mit dem Maßstab abgelesen werden konnte. Die Stoßplatte wurde vorher gelockert und die Mörtelzwischenlage bis auf einen schmalen Streifen in der Mitte abgeschlagen, damit die Verformung und Druckzerstörung weniger behindert sein sollte. Bei allen Balken trat eine auffallend schwache und engbegrenzte Druckzerstörung ein.

Es war offensichtlich, daß die Balken noch größere Knickwinkel ertragen würden. Um hier eine Grenze festzustellen, standen nun noch die letzten vier Balken 51 f bis 54 f zur Verfügung. Bei diesen Balken wurde gleich mit der Streckbeanspruchung, die von den früheren Versuchen schon bekannt war, begonnen. Zunächst verursachte die Rißbildung eine größere bleibende Durchbiegung; nach wenigen Schlägen jedoch war eine gleichbleibende Zunahme erreicht. Dann wurde der Korb voll beladen und zuerst 2 Schläge aus 20 cm Höhe ausgeführt, um sicher brauchbare Linien zu bekommen. Hierauf wurde die Fallhöhe auf 40 cm gesteigert, der größten Höhe, bei der die Aufzeichnung des Lastweges noch ausführbar war. Schläge ohne Aufzeichnungen waren unerwünscht, da das Fehlen der letzteren bei der Auswertung einen fühlbaren Mangel bildet. Der Stoß wurde so oft wiederholt, bis der Balken sich dem Fußträger des Rammgerüstes näherte, was einer Einsenkung von rund 20 cm entsprach.

Die entstehende Druckzerstörung war deutlich, aber eng begrenzt. Der Stoßwiderstand der Balken war noch keinesfalls erschöpft. Das Rollenlager mußte mehrmals nachgestellt werden, wenn es am Ende des möglichen Verschiebungsweges angelangt war.

Die Schwingungsaufzeichnung geschah wie bei der Reihe I auf beiden Seiten. Die gesamte bleibende und die statische Durchbiegung wurden auf besonderen Platten aufgezeichnet. Die Meßbrücke konnte bei den großen Durchbiegungen nicht mehr aufgesetzt werden, da sich die Auflagerplättchen zu weit genähert hatten.

p) Auswertung der Stoßversuche.

Die bei den Balken d angewendeten Lasten und Fallhöhen sowie die gesamte Auswertung dieser Versuche sind in den Tafeln 8 bis 11 zusammengestellt. Die Tafel 24 enthält die tatsächlichen Querschnittabmessungen sowie die Balkengewichte; alle Balken d und f wurden gewogen, um den Zusammenhang der reduzierten Masse mit der gesamten Masse genau zu bekommen. In den Tafeln ist als erstes die Stoßnummer angegeben. Wiederholungen eines Stoßes (mit gleicher Last und Fallhöhe) sind stets mit der gleichen Ziffer und a, b usw. bezeichnet. Die Fallhöhe h_f und die Rücksprunghöhe h' wurden an der vom Fallgewicht aufgezeichneten Linie abgemessen, mit Ausnahme der Fallhöhen über 20 cm. Die Einstellung der Anschläge war so genau, daß der etwaige Fehler bei der großen Fallhöhe nicht ins Gewicht fällt. Der Schwingungsausschlag der Balkenmitte y (Spalte 5 der Tafeln) ist aus dem gemessenen Ausschlag, der 15 cm von Balkenmitte aufgezeichnet wurde, durch Vermehrung um 2% gewonnen. (Bei näherungsweiser Annahme einer sin-Linie für die Biegelinie ist $\sin \frac{\pi}{2} \cdot \frac{170}{185} = 0{,}98$, woraus der Unterschied von 2% folgt.) Die bleibende Durchbiegung y_{bl} (Spalte 6) ist ebenfalls der um 2% vermehrte gemessene Zuwachs, solange keine plastische Verformung vorliegt. Beim Strecken wurde der gemessene Wert mit $\frac{185}{170}$ vervielfacht, weil die Biegelinie infolge des Knickwinkels in Balkenmitte geradlinig ist. Die bleibende Durchbiegung des zweiten Meßpunktes, 70 cm vom Auflager, gibt ebenfalls die Durchbiegung der Balkenmitte durch Vervielfachen mit $\frac{185}{70}$. Dieser Wert wurde als Kontrolle benützt. In Spalte 8 ist noch die gesamte bleibende Einsenkung angegeben. Die federnde Durchbiegung y_e

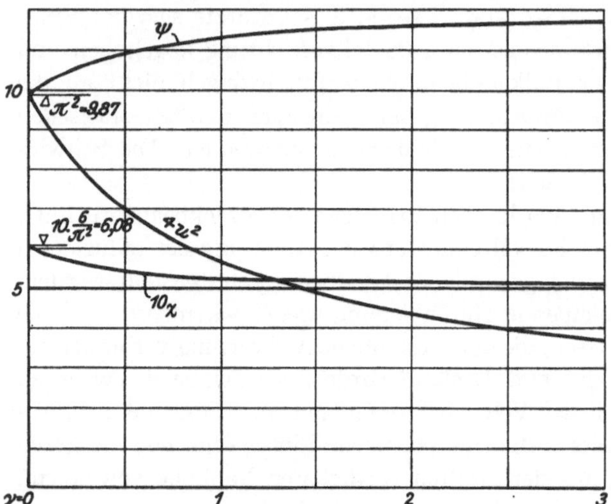

Abb. 33. Schwingungsbeiwerte des Balkens samt Last.

(Spalte 7) ist einfach die Differenz $y - y_{bl}$. Bei den Stößen mit plastischer Verformung wurde die gemessene federnde Durchbiegung, um 2% vermehrt, in die Tafel eingetragen und der Gesamtausschlag als Summe $y_e + y_{bl}$ zurückgerechnet.

Die nächste Spalte 9 enthält die statische Durchbiegung y_{St} durch die Last P. Beim kleinen Fallgewicht ist sie sehr klein und daher ungenau; es wurde nur diejenige Durchbiegung eingetragen, die zu Beginn des Versuchs beim ruhigen Aufsetzen des großen Fallgewichts entstand.

Bei den Stößen mit dem großen Fallgewicht ist diejenige Durchbiegung angegeben, die beim Abheben der Last nach dem Stoß als Aufwärtsbewegung in Erscheinung trat. Es zeigte sich, daß beim Wiederaufsetzen der Last eine geringere Durchbiegung entstand, die mit der Steifheit aus der Schwingungsfrequenz (siehe später) schlecht zusammenstimmte.

Aus y_{St} ist die mittlere Steifheit EJ (Spalte 11) berechnet nach der bekannten Formel

$$y_{St} = \frac{P\,l^3}{48\,EJ}.$$

Zur Ermittlung der Anfangsgeschwindigkeit des Balkens ist die Kreisfrequenz β erforderlich, die ihrerseits aus der Steifheit EJ berechnet werden kann. Die Messung der statischen Durchbiegung ist jedoch bei den verhältnismäßig kleinen Fallgewichten ungenau; außerdem liefert sie bloß einen Mittelwert des über die Balkenlänge veränderlichen EJ, und die Berechnung der Frequenz mit demselben Mittelwert würde einen weiteren Fehler verursachen. Es war jedenfalls wünschenswert, die Schwingungszahl des Balkens unmittelbar festzustellen. Dazu wurde die Rücksprunghöhe des Fallgewichtes benützt. Das bei den Balken d verwendete kleine Fallgewicht zeichnete auf der berußten Platte beim Stoß eine scharfe Spitze auf. Daraus geht hervor, daß es sich nicht gemeinsam mit dem Balken weiterbewegte, sondern daß ein teilweise elastischer Stoß vorlag. Aus der Rücksprunghöhe h' kann die Geschwindigkeit v_1' sowie die Zeit bis zum zweiten Aufschlag berechnet werden. Aus letzterer und der Anzahl der Schwingungen, die der Balken bis zum zweiten Aufschlag aufzeichnete, ist die Frequenz bestimmbar. Allerdings ist dabei zu berücksichtigen, daß die Schwingung nach unten und die nach oben nicht die gleiche Frequenz haben. Da die obere Bewehrung viel schwächer ist, ist auch die Steifheit und damit die Schwingungsfrequenz nach oben viel kleiner. Außerdem ist die Schwingung gedämpft. In der Abb. 34 ist das Schwingungsbild des Balkens und die Bewegung des Fallgewichtes angedeutet.

Auf der berußten Platte werden die Schwingungsausschläge von der ursprünglichen Ruhelage aus gemessen. Nach der ersten Abwärtsbewegung ist die Ruhelage um die bleibende Durchbiegung y_{bl} nach abwärts verschoben. Diese wird nach dem Abklingen der Schwingung und

Abheben des Fallgewichtes an der Meßuhr abgelesen und ist zu den abgemessenen Schwingungsausschlägen zuzuzählen bzw. abzuziehen. Man bekommt so die Werte y_0, y_1', y_2, y_3', y_4, $y_4^{\times}$. Bei einer Dämpfungskraft, die der Geschwindigkeit verhältnisgleich ist, nehmen die Schwingungsausschläge in einer geometrischen Reihe ab. (Der Unterschied des tatsächlichen Größtwerts gegenüber dem Ausschlag zur Zeit $\frac{\tau}{2}$ kann vernachlässigt werden.) Jeder Ausschlag ist also das geometrische Mittel aus den beiden benachbarten. Beispiels-

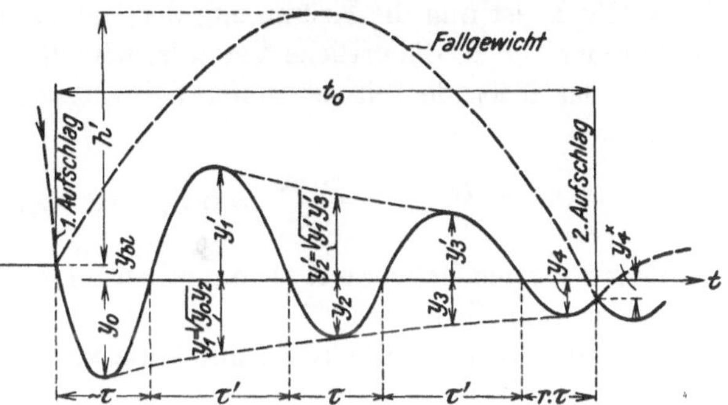

Abb. 34. Bewegung der Balkenmitte und des kleinen Fallgewichtes.

weise müßte der erste Ausschlag nach oben $y_1 = \sqrt{y_0 \cdot y_2}$ sein, wenn die Frequenz die gleiche wäre; ebenso ist $y_2' = \sqrt{y_1' \cdot y_3'}$. Aus den Verhältniszahlen $\frac{y_1'}{y_1}$, $\frac{y_2'}{y_2}$ usw. läßt sich ein Mittelwert $\frac{y'}{y}$ bilden. Wenn wir nun die Dämpfung wegdenken, dann ist die Geschwindigkeit beim Durchgang durch die Ruhelage

$$v_0 = \beta\, y \quad \text{und anderseits} = \beta'\, y',$$

wobei β' die Kreisfrequenz der Schwingung nach oben bedeutet.

Da $\beta = 2\pi f$ und $f = \frac{1}{2\tau}$ ist, mithin

$$\beta = \frac{\pi}{\tau} \quad \text{und} \quad \beta' = \frac{\pi}{\tau'}, \tag{15}$$

so folgt aus dem Vorigen:

$$\frac{\tau'}{\tau} = \frac{y'}{y}. \tag{16}$$

Mit Außerachtlassung der Dämpfung ist

$$y_4^{\times} = y_4 \sin\left(\frac{\pi}{\tau} \cdot r \cdot \tau\right). \tag{17}$$

Daraus läßt sich r berechnen.

Wenn n die Zahl der vollständigen unteren, n' die der oberen Halbwellen bis zum zweiten Aufschlag bedeutet, so ist

$$\left(n + r + n'\,\frac{y'}{y}\right)\tau = t_{\ddot{u}} = \sqrt{\frac{2}{g}}\left(\sqrt{h'} + \sqrt{h' + y_{bl} + y_4^{\times}}\right). \tag{18}$$

Aus dieser Gleichung wurde τ und damit β (nach Gl. 15) berechnet und in den Tafeln (Spalte 10) zusammengestellt. In den Tafeln ist die Frequenz mit β_0 bezeichnet, weil sie sich auf die Schwingung des Balkens allein bezieht. Die Frequenz ergibt sich um so genauer, je größer die Rücksprunghöhe und damit die Wellenzahl ist. Bei $P = 48$ kg, der höchsten Laststufe des kleinen Fallgewichts, war der Rücksprung stets so klein, daß die Frequenz nicht mehr ermittelt werden konnte. Auch wenn $r < \frac{1}{2}$ wird, d. h. wenn der zweite Aufschlag vor den Wellenscheitel trifft, wird die Frequenzberechnung unsicher; der Größtwert y_4 (in Abb. 34) ist dann nicht mehr vorhanden und muß aus den vorhergehenden Ausschlägen unter Annahme gleicher Dämpfungsverhältnisse gerechnet werden, um das r nach Gl. 17 bestimmen zu können. Die so ermittelten Werte sind trotzdem in die Tafeln aufgenommen. Bei manchen Stößen, besonders mit ganz kleinem Fallgewicht, war der zweite Aufschlag nicht zu erkennen, oder es ist die Aufzeichnung des Schwingungsbildes nicht oder nur zum Teil gelungen. In diesen Fällen konnte keine Frequenz berechnet werden: der betreffende Raum in der Zahlentafel ist leer.

Beim Versuch mit dem kleinen Fallgewicht schwingt der Balken stets allein; er ist nur in der Mitte mit der Stoßplatte belastet. Da letztere 18 kg wiegt und das Balkengewicht rund 450 kg beträgt, ist $v = \frac{18}{450} = 0{,}04$. Nach Abb. 33 gehört dazu $4\,u_0{}^2 = 9{,}52$ und $\psi_0 = 10{,}02$. In Spalte 17 ist nun die Krümmung der Balkenmitte berechnet, und zwar die „rohe, federnde Krümmung", d. h. die örtliche Veränderlichkeit des EJ ist nicht berücksichtigt, und anderseits ist nur der federnde Teil des ersten Schwingungsausschlages, y_e, in Rechnung gestellt. Nach Gl. 4 ist

a) $\quad \dfrac{1}{\varrho_e} = y_e \dfrac{\psi_0}{l^2} = y_e \dfrac{10.02}{370^2} = 0{,}732 \cdot 10^{-5}\, y_e.$

Durch Vervielfachen mit dem „rohen" EJ aus der statischen Durchbiegung ergibt sich das Moment in Spalte 18.

Das Moment in Spalte 19 ist mit Hilfe von β_0 berechnet.

Nach Gl. 3 ist

b) $\quad (E\,J)\,\mathrm{kg} \cdot \mathrm{cm}^2 = \left(\dfrac{\beta_0}{4\,u_0{}^2}\right)^2 \dfrac{G}{g}\, l^3 = \beta_0{}^2 \cdot G\,\mathrm{kg} \cdot 570.$

Dieses EJ wurde nur zum Vergleich mit Spalte 11 in Spalte 12 eingetragen. Das Moment kann aus a) und b) unmittelbar durch y_e und β_0 ausgedrückt werden, ist also eigentlich von EJ unabhängig.

Bei jenen Stößen, wo kein β_0 vorliegt, wurde das Moment mit einem zwischengeschalteten EJ berechnet.

Zu den angegebenen Momenten ist stets das Moment durch Eigengewicht und Stoßplatte im Betrage von 0,25 tm zu addieren.

Im letzten Teil der Tafeln ist die Anfangsgeschwindigkeit der Balkenmitte angegeben. Die Spalte 22 enthält die Werte

$$v_{0m} = \beta_0\, y.$$

Es wurde der gesamte Ausschlag in Rechnung gestellt, obwohl ein kleiner Teil davon bleibend ist; die Arbeit, die durch die bleibende Durchbiegung verbraucht wird, ist wahrscheinlich etwas kleiner, als wenn diese Durchbiegung federnd wäre. Der Unterschied ist jedoch unbekannt und mußte vernachlässigt werden. Der entstehende Fehler ist jedenfalls geringer, als wenn nur die federnde Durchbiegung eingesetzt worden wäre.

Dieser Geschwindigkeit ist in Spalte 23 die Geschwindigkeit nach der Stoßformel gegenübergestellt; es zeigte sich, daß die Annahme von KöGLER: $m' = \frac{m}{2}$ die beste Übereinstimmung ergibt. Die Werte der Spalte 23 wurden nach Gl. 9 gerechnet:

c) $\quad \overline{v_{0m}} = \dfrac{P\,(v_1 - v_1')}{P_0 + \dfrac{G}{2}} = \dfrac{P\,\sqrt{2\,g}\,(\sqrt{h_f} + \sqrt{h'})}{P_0 + \dfrac{G}{2}}.$

P_0 ist das Gewicht der Stoßplatte; das Balkengewicht wurde durch Wiegen festgestellt. In der Tafel 24 sind die Gewichte sowie die Größe $P_0 + \dfrac{G}{2}$ angegeben. (Die Rücksprunggeschwindigkeit v_1' ist negativ einzusetzen, da sie der Fallgeschwindigkeit v_1 entgegenläuft.) Die Spalte 24 enthält schließlich das Verhältnis $\dfrac{v_{0m}}{\overline{v_{0m}}}$. Es ist bei kleinen Lasten kleiner als 1,

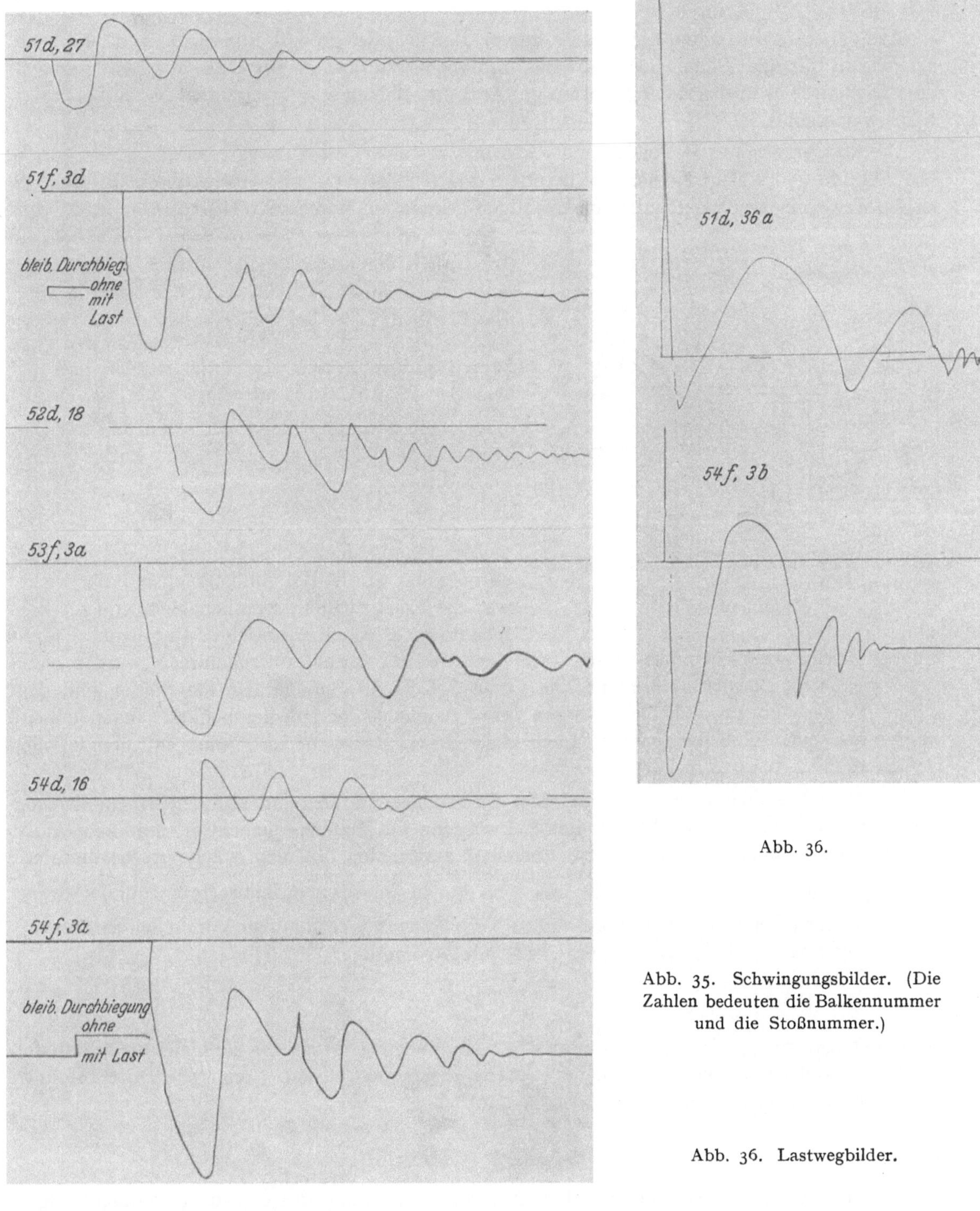

Abb. 36.

Abb. 35. Schwingungsbilder. (Die
Zahlen bedeuten die Balkennummer
und die Stoßnummer.)

Abb. 36. Lastwegbilder.

Abb. 35.

nähert sich aber mit wachsendem Fallgewicht der Einheit. Wahrscheinlich ist beim Rollenlager
mit seinen vier Verhängungen ein gewisser Anfahrwiderstand zu überwinden. Je kleiner die
in den Balken eingeführte Energie ist, desto größer wird der Bruchteil, der auf die Überwindung
des Anfahrwiderstandes verbraucht wird.

Am Schluß der Tafel ist noch vermerkt, wann der erste Riß beobachtet wurde.

Beim Versuch mit dem großen Fallgewicht ist der Stoß- und Schwingungsvorgang wesentlich anders.

Aus den aufgezeichneten Linien geht hervor, daß sich das große Fallgewicht nach dem Stoß gemeinsam mit dem Balken nach abwärts und wieder zurück bis zur Ruhelage bewegte; von dort aus wurde es in die Höhe geworfen und traf den Balken zum zweitenmal, worauf sich das Spiel wiederholte.

Die Abb. 35 zeigt als Beispiele einige Schwingungsbilder, die Abb. 36 zwei „Lastwegbilder". Die Abbildungen stellen Kopien der berußten Platten dar, sind also „Negative". In Abb. 37 ist die Bewegung der Balkenmitte und der Last gemeinsam dargestellt.

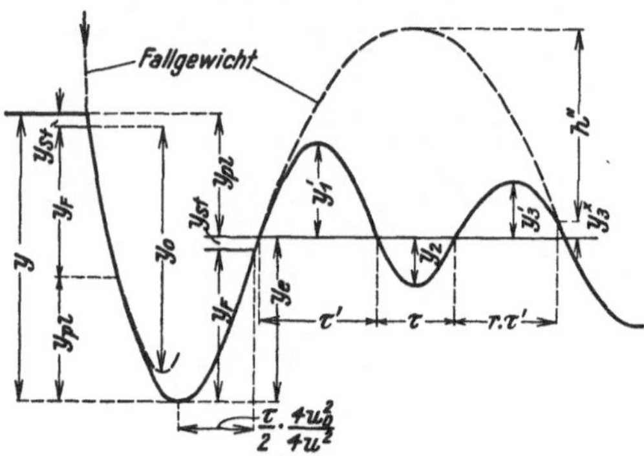

Abb. 37. Bewegung der Balkenmitte und des großen Fallgewichtes bei plastischer Verformung.

Ein „Rücksprung" im früheren Sinn liegt also jetzt nicht vor und ist daher in den Tafeln nicht angegeben; aus der „Rückwurfhöhe" wurde aber die Frequenz β_0 in der früher beschriebenen Weise berechnet. Am „Lastwegbild" war der zweite Aufschlag meist deutlich erkennbar, wie auch aus Abb. 36 zu ersehen ist. Es war am einfachsten, die „zweite Fallhöhe" h'' abzumessen und zur Berechnung der Zeit t_0 zu verwenden. Es ist dann:

$$t_0 = \sqrt{\frac{2}{g}} \left(\sqrt{h'' \pm y^\times} + \sqrt{h''} \right), \qquad (19)$$

wobei $y^\times$ aus dem Schwingungsbild des Balkens entnommen wurde. Bei voll beladenem Fallgewicht war die Rückwurfhöhe ziemlich klein und die Berechnung des β_0 daher unsicher. In etlichen Fällen ergaben sich unwahrscheinliche Werte, die nicht in die Tafeln aufgenommen wurden. Da das Strecken der Bewehrung nur auf eine kurze Strecke in Balkenmitte stattfindet und der übrige Balken unverändert bleibt, kann mit ziemlicher Wahrscheinlichkeit angenommen werden, daß auch die Schwingungsfrequenz gleichbleibt. Es wurde also immer mit dem letzten brauchbaren β_0-Wert gerechnet.

Der erste Ausschlag nach unten, bei dem das maßgebende Moment und gegebenenfalls eine plastische Verformung entsteht, ist eine Schwingung des Balkens gemeinsam mit dem Fallgewicht; die Stoßplatte ist als weitere Einzellast zuzuzählen. Zu dem solcherart bestimmten

$$v = \frac{P + P_0}{G}$$ (G aus Tafel 24) wurden aus Abb. 33 die Schwingungsbeiwerte $4\,u^2$ und ψ sowie bei den Stößen mit plastischer Verformung auch der Beiwert χ entnommen und in den Spalten 14 bis 16 eingetragen. Mit ψ ist die „rohe federnde Krümmung"

$$\frac{1}{\varrho_e} = y_e \frac{\psi}{l^2}$$

berechnet (Spalte 17). In y_e ist die statische Durchbiegung durch das Fallgewicht enthalten. Zu diesem Teil der Durchbiegung gehört streng genommen ein $\psi_{St} = 12$. (Die Durchbiegung durch eine Einzellast in Balkenmitte ist bekanntlich

$$y_{St} = \frac{P\,l^3}{48\,E\,J} = \frac{M}{E\,J} \cdot \frac{l^2}{12}.)$$

Da y_{St} nur ein kleiner Teil des y_e ist, wurde die Abweichung des ψ_{St} von ψ vernachlässigt. Die Momente sind aus $\dfrac{1}{\varrho_e}$ ebenso berechnet wie beim kleinen Fallgewicht.

Sobald bei mehreren gleichen Stößen jedesmal der gleiche Zuwachs y_{bl} an bleibender Einsenkung entstand, wurde ein Strecken der Bewehrung vorausgesetzt und aus y_{bl} der Knickwinkel φ_{pl} berechnet. Die Spalte 20 enthält den gesamten jeweils vorhandenen Knickwinkel. In der nächsten Spalte 21 ist der Wert y_0 berechnet. Bei Stößen ohne plastische Verformung ist

$$y_0 = y - y_{St}. \qquad (20)$$

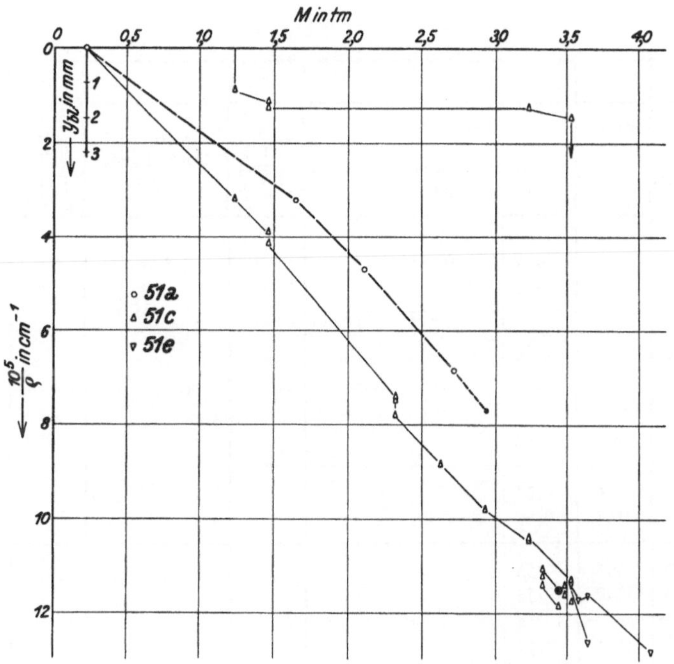

Abb. 38. Balken 51 a, c, e.

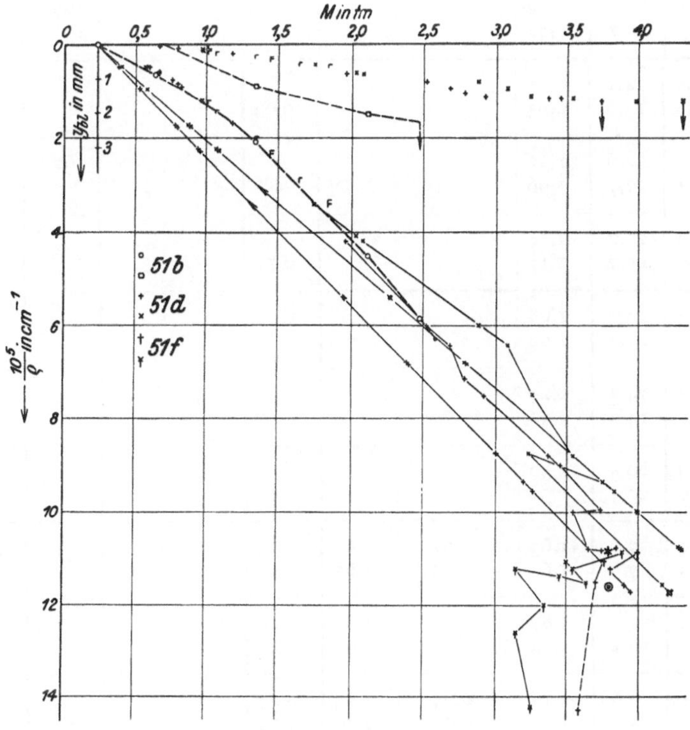

Abb. 39. Balken 51 b, d, f.

Bei Stößen mit plastischer Verformung ist jedoch:

$$y_F = y_e - y_{St}.\tag{21}$$

Daraus wurde y_0 nach Gl. 8 (S. 34) berechnet:

d) $\quad y_0 = y_F \sqrt{\dfrac{y_{pl}}{y_F \chi} + 1}.$

Bei kleinem y_{pl} ist $y_0 \doteq y_F + y_{pl} = y - y_{St}$ in Übereinstimmung mit Gl. 20.

Fortsetzung auf S. 58.

Tafel 8.

1	2	3	4	5	6	7	8	9	10	11	12	13
Stoß Nr.	Last P kg	Fallhöhe h_f mm	Rücksprunghöhe h' mm	Ausschlag Gesamt y mm	Ausschlag bleibend y_{bl} mm	Ausschlag federnd y_e mm	Gesamte bleibende Durchbg. mm	Statische Durchbiegung y_{St} mm	Frequenz aus d. Rückspr.-zeit β_v sec⁻¹	$10^{-9}(EJ)_m$ kg · cm² aus y_{St}	$10^{-9}(EJ)_m$ kg · cm² aus β_0	$\dfrac{P+P_0}{G} = \nu$
1	10,3	47	4,7	0,27	0		0	0,32		6,9		0,04
1a		47	5,7	0,27				mit				
2		99	9,5	0,42				$P = 210$ kg	168		$7{,}4^5$	
2a		98	10,0	0,38								
3		149	13,6	0,49								
3a		150	14,2	0,53								
4		202	15,6	0,58								
4a		201	16,2	0,59								
5	13,3	98	9,8	0,55								
5a		98	11,0	0,54								
6		148	16,3	0,71								
6a		147	17,0	0,65					168	6,9	$7{,}4^5$	
7		201	20,1	0,79					167		$7{,}3^5$	
7a		203	22,2	0,82					165		7,2	
8	18,3	97	14,1	0,81								
8a		98	13,6	0,83			0,02					
9		151	22,6	1,02					162		6,9	
9a		151	22,7	1,06								
10		200	29,2	1,14					159		6,7	
10a		200	25,7	1,11			0,11					
11	23,3	103	10,6	1,08	0		0,11					
11a		104	9,8	1,02								
12		152	14,2	1,24					157		6,5	
12a		151	14,2	1,22								
13		199	20,5	1,50								
13a		197	20,4	1,51			0,11					
14	33,3	124	7,0	1,65	0,02	1,63	0,13	0,06		5,8		
14a		123	7,7	1,66	0,03	1,63	0,16					
15		172		1,87	0,02	1,85	0,18					
15a		172	10,2	1,94	0,02	1,92	0,20					
16		214	9,9	2,17	0,04	2,13	0,24					
16a		212	13,9	2,31	0,02	2,29	0,26		146		5,6	
17	48,3	97		2,07	0	2,07	0,26					
17a		97	2,7	2,10	0	2,10	0,26					
18		148	4,2	2,59	0,02	2,57	0,28					
18a		148	4,0	2,70	0,01	2,69	0,29					
19		201	5,3	3,15	0,07	3,08	0,36					
19a		201	4,8	3,23	0,05	3,18	0,41					

Stoßbalken 51 d.

14	15	16	17	18	19	20	21	22	23	24	25
$4\,u^2$	ψ	χ	$\dfrac{10^5}{\varrho_{me}}$ cm^{-1}	M in tm mit $(EJ)_m$ aus		$10^2\cdot\varphi_{pl}$	y_0 mm	v_{om} aus dem Ausschlag cm/sec	v_{om} aus dem Stoß cm/sec	$\dfrac{v_{om}}{v_{om}}$	Anmerkungen
				y_{St}	β_0						
9,52	10,02		0,20	0,14	0,15			4,5	5,2	0,87	
			0,20		0,15			4,5	5,3	0,85	
			0,31		0,23			7,1	7,5⁵	0,94	
			0,28		0,21			6,4	7,5³	0,85	
			0,36		0,27			8,2	9,2	0,89	
			0,39		0,29			8,9	9,2	0,97	
			0,42⁵		0,31⁵			9,8	10,5	0,93	
			0,43		0,32			9,9	10,5⁵	0,94	
			0,40		0,30			9,2	9,7⁵	0,94	
			0,40		0,30			9,1	9,9	0,92	
			0,52		0,39			11,9	12,1	0,98	
			0,48	0,33	0,36			10,9	12,1⁵	0,90	
			0,58		0,43			13,2	14,0	0,94	
			0,60		0,43			13,5	14,2	0,95	
			0,59		0,42			13,3	14,0	0,95	
			0,61		0,43			13,5	14,0	0,96	
			0,75		0,52			16,5	17,5⁵	0,94	
			0,78		0,53			17,0	17,5⁵	0,97	
			0,83		0,55⁵			18,1	20,0	0,91	1. Riß beobachtet
			0,81		0,54			17,6	19,8	0,89	
			0,79		0,52			17,0	17,5⁵	0,97	
			0,75		0,49			16,1	17,4	0,93	
			0,90		0,58			19,5	21,0⁵	0,93	
			0,89		0,58			19,2	21,0	0,92	
			1,10		0,70			23,2	24,4	0,95	
			1,10		0,70			23,3	24,4	0,95	
			1,20	0,70	0,73			25,2	25,8	0,98	
			1,20		0,73			25,2	25,9	0,97	
			1,35		0,80			28,0	—	—	
			1,40		0,82			28,8	30,6	0,94	
			1,56		0,89			32,0	33,3	0,96	
			1,68		0,94			33,8	34,2	0,99	
			1,52		0,85			30,2	—	—	
			1,54		0,86			30,7	31,2	0,985	
			1,88		1,05			37,8	38,6	0,98	
			1,97		1,09			39	38,6	1,0	
			2,26		1,2			45	44,8	1,0	
			2,33		1,2			45	44,5	1,0	

Stoßbalken 51 d.

Tafel 8.

1	2	3	4	5	6	7	8	9	10	11	12	13
			Rück-	Ausschlag			Gesamte bleibende Durchbg. mm	Statische Durchbiegung y_{St} mm	Frequenz aus d. Rückspr.-zeit β_0 sec^{-1}	$10^{-9}(EJ)_m$ kg . cm² aus		$v = \dfrac{P+P_0}{G}$
Stoß Nr.	Last P kg	Fallhöhe h_f mm	sprung-höhe h' mm	Gesamt y mm	bleibend y_{bl} mm	federnd y_e mm				y_{St}	β_0	
20	48,3	300	3,5	3,96	0,08	3,88	0,49					
20a		300	5,0	—	0,02	—	0,51					
21		400	8,4	4,57	0,06	4,51	0,57					
21a		400	7,5	4,65	0,02	4,63	0,59			4,4		
22	210	46	—	5,34	0,23	5,11	0,82	0,50		4,4		0,493
22a		46	—	5,31	0,04	5,27	0,86		124,5		4,1	
23		106	—	7,88	0,25	7,53	1,11		120		3,8	
23a		106	—	8,25	0,19	8,06	1,30	0,50	120	4,4	3,8	
24	268	100	—	9,00	0,14	8,86	1,44		116		3,55	0,619
24a		101	—	9,40	0,10	9,30	1,54	0,70		4,0		
25		147	—	10,96	0,06	10,90	1,60	0,75		3,75		
25a		146	—	11,15	0	11,15	1,60	0,75	116	3,75	3,55	
26		178	—	12,40	0,08	12,32	1,68	0,75	115	3,75	3,5	
26a		179	—	12,42	0	12,42	1,68	0,75	112,5	3,75	3,3	
27		201	—	13,32	0	13,32	1,68	0,75	109	3,75	3,15	
27a		201	—	13,41	0,07	13,34	1,75	0,75	111	3,75	3,25	
27b, c, d		200	—	13,39	3 × 0,09	13,30	2,03	0,75	113	3,75	3,35	
28	10,3	149	10,4	0,66	0		2,03		[109]	3,6	3,15	0,04
28a		149	12,3	0,66			2,03			3,6	3,15	
29	18,3	150	9,6	1,28			2,03			3,6	3,15	
29a		150	12,1	1,29			2,03			3,6	3,15	
30	33,3	150	7,9	2,42			2,03			3,6	3,15	
30a		150	7,8	2,35			2,03			3,6	3,15	
31	48,3	150	,0,4	3,05			2,03			3,6	3,15	
31a		149	0	3,10			2,03			3,6	3,15	
32	151	101	—	6,85	0		2,03	0,44		3,6	3,15	0,365
32a		101	—	6,88			2,03	0,44		3,6	3,15	
33	210	101	—	8,51			2,03	0,61		3,6	3,15	0,493
33a		101	—	8,58			2,03	0,61		3,6	3,15	
34	324	101	—	11,75			2,03	0,94		3,6	3,15	0,740
34a		101	—	11,50			2,03	0,94		3,6	3,15	
35	438	48	—	~			2,03	1,35		3,4	3,15	0,986
35a		47	—	10,6	0	10,6	2,03	1,35		3,4	3,15	
36		97	—	14,65	0,45	14,2	2,48	1,35	109	3,4	3,15	
36a		97	—	14,45	0,45	14,0	2,93	1,35	109	3,4	3,15	
37		149	—	18,3	4,06	14,2	6,99	1,35		3,4	3,15	
38		700	—	~	43,5		50,5					

Stoßbalken 51 d (Fortsetzung).

14	15	16	17	18	19	20	21	22	23	24	25
$4u^2$	ψ	χ	$\dfrac{10^5}{v_{me}}$ cm^{-1}	M in tm mit $(EJ)_m$ aus y_{St}	M in tm mit $(EJ)_m$ aus β_0	$10^2\cdot\varphi_{pl}$	y_0 mm	v_{0m} aus dem Ausschlag cm/sec	v_{0m} aus dem Stoß cm/sec	$\dfrac{v_{0m}}{v_{0m}}$	Anmerkungen
			2,84		1,4			54	52,2	1,03	
			—		—			—	53,2	—	
			3,30		1,6			62	62,2	1,0	
			3,39	1,5	1,6			62	61,9	1,0	
6,99	10,93		4,08	1,80			4,84	44,0	43,3	1,01	
			4,20	1,85	1,72		4,81	44,0	43,3	1,01	
			6,00	2,64	2,28		7,38	65,0	66,0	0,985	
			6,43	2,83	2,44		7,75	68,2	66,0	1,03	
6,56	11,08		7,16		2,54		8,30	66,5	72,5	0,92	
			7,52	3,0	2,67		8,70	69,5	72,7	0,96	
			8,8	3,3	3,12		10,21	81,5	88,1	0,93	
			9,0	3,4	3,20		10,40	83,0	87,8	0,95	
			9,95	3,7	3,49		11,65	92,5	97,0	0,95	
			10,0	3,75	3,3		11,67	90,5	97,1	0,93	
			10,78	4,04	3,4	0	12,57	94,5	103,0	0,92	
			10,8	4,05	3,5	0,007	12,66	97,0	103,0	0,94	Grenze der plastischen
			10,75	4,03	3,6	0,037	12,64	98,5	102,8	0,96	Verformung
9,52	10,02		0,48	0,17	0,15			7,2	9,0	0,80	
			0,48	0,17	0,15			7,2	9,0	0,80	
			0,94	0,34	0,30			14,0	15,9	0,88	
			0,94	0,34	0,30			14,0	16,2	0,87	
			1,77	0,64	0,56			26,4	28,1	0,94	
			1,72	0,62	0,54			25,6	28,1	0,91	
			2,23	0,80	0,70			33,2	33,8	0,98	
			2,27	0,82	0,72			33,8	33,1	1,02	
7,48	10,80		5,40	1,94	1,70		6,41	54,9	53,0	1,035	
			5,42	1,95	1,71		6,44	55,0	53,0	1,035	
6,99	10,93		6,79	2,44	2,14		7,90	63,0	64,3	0,98	
			6,84	2,46	2,15		7,97	63,5	64,3	0,99	
6,25	11,15		9,55	3,44	3,00		10,81	78,5	79,5	0,99	
			9,35	3,37	2,94		10,56	76,5	79,5	0,96	
5,68	11,30	0,525	~	~	~		~	~	~	~	
			8,75	2,97	2,76	0,037	9,25	59,5	61,4	0,97	y_{St} berücksichtigt
			11,7	3,98	3,68	0,086	13,3	86,0	88,0	0,98	
			11,5^5	3,93	3,64	0,134	13,1	85,0	88,0	0,97	
			11,7	3,98	3,68	0,574	17,4	113,0	109,0	1,035	
			11,7		3,68	5,274	36,4	236,5	236,0	1,00	Leichte Druckzerstörung

1	2	3	4	5	6	7	8	9	10	11	12	13
Stoß. Nr.	Last P kg	Fall-höhe h_f mm	Rück-sprung-höhe h' mm	Ausschlag Gesamt y mm	bleibend y_{bl} mm	federnd y_e mm	Gesamte bleibende Durchbg. mm	Statische Durchbiegung y_{St} mm	Frequenz aus d. Rückspr.-zeit β_0 sec^{-1}	$10^{-9}(EJ)_m$ kg . cm^2 aus y_{St}	β_0	$\dfrac{P+P_0}{G}=v$
1	10,3	104	10,0	0,51	0	$= y$	0	0,46 mit $P = 268$ kg		6,1		0,04
2		150	—	0,60								
2a		150	11,6	0,61								
3		201	17,5	0,71					148		5,75	
4	13,3	149	17,9	0,79	0,01	0,78	0,01					
5		201	22,6	0,93	0,02	0,91	0,03		141		5,2	
6	18,3	151	15,7	1,12	0,04	1,08	0,07		141		5,2	
7		200	24,6	1,38	0,06	1,32	0,13		140		5,15	
7a		200	20,1	1,34	0,03	1,31	0,16		136		4,85	
7b		200	19,5	1,36	0,02	1,34	0,18		136		4,85	
8	23,3	150	20,5	1,63	0,05	1,60	0,23		133		4,65	
8a		150	18,3	1,53	0,03	1,50	0,26		133		4,65	
9		200	27,4	1,84	0,05	1,79	0,31		133		4,65	
9a		200	24,8	1,90	0,04	1,86	0,35		131		4,5	
10	33,3	147	13,2	2,25	0,07	2,18	0,42		130		4,45	
10a		147	12,4	2,21	0,04	2,17	0,46		128		4,3	
11		204	17,8	2,72	0	2,72	0,46		124		4,05	
11a		205	18,2	2,78	0	2,78	0,46		122		3,9	
12	48,3	151	3,8	3,17	0,08	3,09	0,54		~			
12a		150	4,2	3,24	0,07	3,17	0,61		~			
12b		151	3,5	3,23	0,07	3,16	0,68		~			
12c		151	4,3	3,33	0,09	3,24	0,77		~			
12d—n		150	—	—	0,11—0,01	—	1,06		~			
12p		150	4,8	3,58	0,02	3,56	1,08		~			
12q		151	3,8	3,66	0,03	3,63	1,11	0,85 mit $P = 268$ kg	~	3,3	3,5	
13	23,3	204	25,8	2,35	0	2,35	1,11		116	3,3	3,5	
13a		204	26,1	2,29	0	2,29	1,11		116	3,3	3,5	
14	151	150	—	9,0	0,88	8,1	1,99	0,56	~	2,8		0,367
14a		151	—	9,4	0,19	9,2	2,18	0,60	~	2,65		
15		201	—	11,15	0,31	10,85	2,49	~	101	~	2,7	
15a		200	—	11,4	0,21	11,2	2,70	0,66	94	2,4	2,3	
15b—h		200	—	—	0,18—0	—	3,22	—	—	—	—	
16	268	154	—	15,15	0,75	14,4	4,0	1,32	83[1]	2,15	1,8	0,62
16a		154	—	15,35	0,75	14,6	4,75	1,34	87	2,1	2,0	
16b—q		154	—	—	0,43—0,06	—	—	1,36—1,46	—	—	—	
16r		157	—	16,0	0,04	16,0	8,5	1,46	81[1]	1,9	1,7	
17	438	97	—	19,0	2,0	17,0	10,5	2,32	84[1]	~	1,85	0,99
18		153	—	24,3	6,2	18,1	16,7	2,39	88	1,9	2,05	
19		700	—	—	57,5	18,1	74,2	—	88	1,9	—	

Balken 52d.

14	15	16	17	18	19	20	21	22	23	24	25
			$\dfrac{10^5}{\varrho_{me}}$ cm⁻¹	M in tm mit $(EJ)_m$ aus				v_{om} aus dem Ausschlag cm/sec	v_{om} aus dem Stoß cm/sec	$\dfrac{v_{om}}{v_{om}}$	
$4u^2$	ψ	χ		y_{St}	β_0	$10^2 \cdot \varphi_{pl}$	y_0 mm				Anmerkungen
9,52	10,02		0,37	0,23		$= y$		7,6	7,75	0,98	
			0,44	0,27				8,9	—	—	
			0,45	0,27				9,0	9,1	0,99	
			0,52	0,32	0,30			10,5	10,7	0,98	
			0,57		0,31			~ 11,5	12,3	0,94	
			0,67		0,35			13,1	14,2	0,92	
			0,79		0,41			15,8	16,8	0,94	
			0,97		0,50			19,3	19,7	0,98	
			0,96		0,47			18,2	19,2	0,95	
			0,98		0,48			18,5	19,2	0,96	1. Riß beobachtet
			1,17		0,54			21,7	22,1	0,98	
			1,10		0,51			20,4	21,7	0,94	
			1,31		0,61			24,5	25,5	0,96	
			1,36		0,61			24,9	25,1	0,99	
			1,60		0,71			29,2	29,6	0,98	
			1,59		0,68			28,4	29,4	0,96	
			1,99		0,81			33,7	34,8	0,97	
			2,04		0,80			34,0	34,9	0,97	
			2,26		0,85			38	38,8	0,98	
			2,32		0,85			39	39,0	1,0	
			2,31		0,85			39	38,6	1,0	
			2,37		0,85			40	39,1	1,02	
			—		—			—	—	—	
			2,61		0,92			41,5	39,5	1,05	
			2,66	0,88	0,93			42,5	38,8	1,10	
			1,72	0,57	0,60			27,2	25,4	1,07	
			1,68	0,56	0,59			26,6	25,5	1,04	
7,50	10,80		6,4	1,8			8,4		64,9	—	
			7,25	1,9			8,8		65,3	—	
			8,55		2,3		10,5	83,5	75,4	1,11	
			8,85	2,1	2,05		10,75	79,5	75,0	1,06	
			—	—	—	o	—	—	—	—	
6,58	11,08	0,536	11,65	2,5	2,1	0,08	13,8	79	90,0	0,88	Plastische Verformung
			11,8	2,5	2,35	0,16	13,95	84	90,0	0,93	¹ β_0-Werte zu klein
			—	—	—	—	—	—	—	—	
			12,95	2,45	2,2	0,57	14,55	81,5	91,0	0,90	
5,69	11,31	0,525	14,05		2,6	0,79	16,5	82,5	88,5	0,93	
			14,95	2,85	3,05	1,46	20,8	109,5	111,0	0,99	
			14,95	2,85	3,05	7,7	44,4	233,0	236,0	0,99	Leichte Druckzerstörung

1	2	3	4	5	6	7	8	9	10	11	12	13
Stoß Nr.	Last P kg	Fallhöhe h_f mm	Rücksprunghöhe h' mm	Ausschlag Gesamt y mm	Ausschlag bleibend y_{bl} mm	Ausschlag federnd y_e mm	Gesamte bleibende Durchbg. mm	Statische Durchbiegung y_{St} mm	Frequenz aus d. Rückspr.-zeit β_0 sec^{-1}	$10^{-9}(EJ)_m$ kg . cm² aus y_{St}	$10^{-9}(EJ)_m$ kg . cm² aus β_0	$v = \dfrac{P+P_0}{G}$
1	10,3	99	8,1	0,40	0	$= y$		0,38	172	7,4	8,2	0,04
2		156	15,7	0,55				mit	163		7,4	
3		209	19,8	0,65	0		0	$P = 268$ kg	163		7,4	
4	13,3	158	19,6	0,74	0,05	0,69	0,05		161		7,2	
4a		160	20,6	0,80	0,11	0,69	0,16		~			
4b		158	21	0,78	0,06	0,72	0,22		~			
4c		159	19,4	0,75	0	0,75	0,22		160		7,1	
5		213	24,4	0,87	0,03	0,84	0,25		~			
6	18,3	157	17,8	1,07	0,05	1,02	0,30		~			
6a		157	17,6	1,14	0,03	1,11	0,33		~			
7		210	23,1	1,34	0,09	1,25	0,42		145		5,9	
7a		210	20,5	1,29	0,06	1,23	0,48		150		6,3	
8	23,3	158	15,0	1,42	0,06	1,36	0,54		147		6,0	
9		211	15,8	1,70	0,10	1,60	0,64		142		5,6	
9a—p		210	22,2	1,72	0,13—0,01	1,59	1,30		141		5,5	
10	33,3	157	7,9	2,50	0,03	2,47	1,33		135		5,1	
10a		157	~	2,38	0,03	2,35	1,36		~			
10b		156	8,7	2,62	0,05	2,57	1,41		~			
11		210	~	2,96	0,05	2,91	1,46		~			
11a		210	12,6	3,00	0,05	2,95	1,51		119		3,95	
12	48,3	158	6,1	3,29	0,12	3,17	1,63		~			
12a		158	7,6	~	0,08	~	1,71		~			
12b—n		158	6,3	3,40	0,08—0	3,33	2,04		~			
13	23,3	212	18,3	2,28	0		2,04	0,74 mit $P = 268$ kg	~	3,8	3,4	
13a		213	21,2	2,32	0		2,04		111	3,8	3,4	
14	151	204	—	11,25	0,74	10,5	2,78	0,49	113	3,2	3,5	0,375
14a		210	—	11,50	0,15	11,35	2,93	0,49	110	3,2	3,35	
15	268	160	—	14,7	0,23	14,5	3,16	0,90	~	3,1	~	0,635
15a		162	—	14,9	0,29	14,6	3,45	0,93	102,5	3,0	2,9	
15b—f			—		0,28—0,18							
15g		163	—	15,7	0,18	15,5	4,60	0,94	98	3,0	2,65	
16	438	164	—	23,85	6,55	17,3	11,15	1,69	98	2,7	2,65	1,015
17		700	—		59,5	17,3	70,65		98			

Balken 53d.

14	15	16	17	18	19	20	21	22	23	24	25
			$\dfrac{10^5}{\varrho me}$	M in tm mit $(EJ)_m$ aus				v_{om} aus dem Ausschlag	v_{om} aus dem Stoß	$\dfrac{v_{om}}{v_{om}}$	
$4\,u^2$	ψ	χ	cm^{-1}	y_{St}	β_0	$10^2\cdot\varphi_{pl}$	$\dfrac{y_0}{\text{mm}}$	cm/sec	cm/sec		Anmerkungen
9,52	10,02		0,29	0,21⁵	0,24		$= y$	6,9	7,6	0,91	
			0,40		0,30			9,0	9,8	0,92	
			0,48		0,35			10,3	10,8	0,95	
			0,51		0,37			11,9	13,1	0,91	
			0,51		0,37			12,9	13,2	0,98	
			0,53		0,38			12,5	13,2	0,95	
			0,55		0,39			12,0	13,1	0,92	
			0,64		0,45			∼ 13,7	14,9	0,92	
			0,75		0,50			∼ 16,5	17,7	0,93	
			0,81		0,51			∼ 17,0	17,7	0,96	
			0,92		0,54			19,4	20,3	0,95	
			0,90		0,57			19,4	20,0	0,97	
			1,00		0,60			20,9	22,0	0,95	
			1,17		0,65			24,0	24,9	0,96	
			1,16		0,64			24,2	25,8	0,94	1. Riß beobachtet
			1,81		0,92			33,8	29,4	1,15	
			1,72		0,83			∼	∼	∼	
			1,88		0,83			∼ 33,0	29,7	1,11	
			2,13		0,85			∼	∼	∼	
			2,16		0,85			35,7	34,8	1,03	
			2,32		0,88			39,0	41,8	0,93	
			∼		∼			∼	42,6	∼	
			2,44		0,88			39,0	42,0	0,93	
			1,67	0,63⁵	0,57			25,3	25,3	1,00	
			1,70	0,65	0,58			25,7	25,8	1,00	
7,45	10,80		8,30	2,65	2,90		10,76	95,0	76,7	1,24	
			8,95	2,86	3,00	0	11,01	95,0	78,0	1,22	
6,54	11,10		11,75	3,65	∼	0,025	13,8	∼ 100	92,6	1,08	
			11,82	3,55	3,45	0,055	14,0	98,5	93,1	1,06	
			12,6	3,8	3,35	0,18	14,8	99,5	93,5	1,06	Plastische Verformung
5,62	11,31	0,525	14,3	3,85	3,80	0,89	20,95	121	115,0	1,05	Leichte Druckzerstörung
			14,3	3,85	3,80	7,33	44,9	260	238,0	1,09	

Tafel 11.

1	2	3	4	5	6	7	8	9	10	11	12	13
Stoß Nr.	Last P kg	Fallhöhe h_f mm	Rücksprunghöhe h' mm	Ausschlag Gesamt y mm	Ausschlag bleibend y_{bl} mm	Ausschlag federnd y_e mm	Gesamte bleibende Durchbg. mm	Statische Durchbiegung y_{St} mm	Frequenz aus d. Rückspr.-zeit t_0 sec^{-1}	$10^{-9}(EJ)_m$ kg·cm² aus y_{St}	$10^{-9}(EJ)_m$ kg·cm² aus β_0	$\dfrac{P+P_0}{G}=v$
1	10,3	100	3,9	0,47	0	$=y$		0,38	$\sim$	7,4	$\sim$	0,04
2		152	7,4	0,53	0			mit	$\sim$		$\sim$	
3		203	8,7	0,64	0		0	$P=268$ kg	170		7,6	
4	13,3	151	12,1	0,78	0,04	0,74	0,04		150		5,9	
4a		151	—	—	0,01	—	0,05		—			
5		204	15,2	0,89	0,03	0,86	0,08		150		5,9	
6	18,3	150	7,5	0,96	0,03	0,93	0,11		$\sim$			
7		203	13,3	1,23	0,05	1,18	0,16		144		5,4	
8	23,3	150	7,7	1,37	0,06	1,31	0,22		$\sim$			
9		202	13,5	1,70	0,08	1,62	0,30		135		4,8	
10	33,3	150	7,5	2,06	0,09	1,97	0,39		124		4,0	
11		201	8,2	2,47	0,14	2,33	0,53		$\sim$			
12	48,3	150	<0	2,70	0,12	2,58	0,65	0,74	$\sim$			
13		203	0	3,26	0,30	2,96	0,95	mit	$\sim$			
13a—v		203	—	—	0,29—0	—	2,26	$P=268$ kg	—	3,8		
14	151	201	—	$\sim11{,}0$	1,08	$\sim9{,}9$	3,34	0,50	$\sim$	3,2		0,367
14a		204	—	11,25	0,25	11,00	3,59	0,55	95	2,9	2,4	
14b		204	—	—	0,06	—	3,65	0,58	—	2,7	.	
15	210	204	—	15,08	0,33	14,75	3,98	0,89	94,5	2,5	2,35	0,495
15a		204	—	15,43	0,23	15,20	4,21	0,90	87,5	2,45	2,0	
15b—n		204	—	—	0,16—0,06	—	5,75	0,96	—	2,3		
16	268	148	—	16,56	0,33	16,23	6,08	1,23	82	2,3	1,75	0,62
16a—d		148	—	—	0,17—0,14	—	7,16	1,23	—	2,3		
16e		150	—	16,49	0,14	16,35	7,30	1,23	82	2,3	1,75	
17	438	148	—	25,35	6,20	19,15	13,50	2,15	82	2,1	1,75	0,99
18		700	—	—	57,4	20,15²	70,9	—	82	—	1,75	

Für den letzten Stoß bei den Balken d liegen keine Messungen außer der bleibenden Durchbiegung vor. Zur Berechnung des y_0 mußte der Wert y_F vom vorhergegangenen Stoß oder ein schätzungsweise vergrößerter verwendet werden. Bei der großen plastischen Verformung wirkt sich ein Fehler in y_F nicht mehr stark aus.

Die Geschwindigkeit (Spalte 22) ist nun

$$v_{0m} = y_0 \beta = y_0 \beta_0 \frac{4\,u^2}{4\,u_0^2}. \tag{22}$$

Es ist zu beachten, daß die Frequenz des Balkens samt Last gilt. Aus dem Stoß ergibt sich die Geschwindigkeit in Spalte 23 gemäß Gl. 10:

Balken 54d.

14	15	16	17	18	19	20	21	22	23	24	25
$4\,u^2$	ψ	χ	$\dfrac{10^5}{\varrho_{me}}$ cm^{-1}	M in tm mit $(EJ)_m$ aus y_{St}	β_0	$10^2 \cdot \varphi_{pl}$	y_0 mm	v_{om} aus dem Ausschlag cm/sec	v_{om} aus dem Stoß cm/sec	$\dfrac{v_{om}}{v_{om}}$	Anmerkungen
9,52	10,02		0,35	0,26			$= y$	8,0	7,0[1]	$\sim$	[1] Etwas ausmittiger Stoß für das Fallgewicht, daher Rücksprung zu klein
			0,39	0,29				9,0	8,8	$\sim$	
			0,47	0,35	0,36			10,9	10,0	$\sim$	
			0,54		0,32			11,7	11,8	1,0	
			—					—	—	—	
			0,63		0,37			13,4	13,7	0,98	
			0,68		0,38			14,2	15,5	0,92	
			0,86		0,47			17,7	18,5	0,96	
			0,96		0,49			~ 19	19,8	0,96	
			1,19		0,57			23,0	23,6	0,97	
			1,44		0,58			25,6	28,2	0,91	1. Riß beobachtet
			1,71		0,65			30,6	32,1	0,95	
			1,89	0,72				~ 33	~ 33	1,0	
			2,17	0,83				~ 39	39,0	1,0	
			—					—	—	—	
7,50	10,80		7,8	2,50			10,5	$\sim$	75,0	$\sim$	
			8,7	2,52	2,08		10,70	80,0	75,5	1,06	
			—				—	—	—	—	
6,99	10,92		11,8	2,95	2,8		14,19	98,5	92,0	1,07	
			12,1	2,95	2,4		14,53	93,5	92,0	1,02	Zum Teil plast. Verformung
			—	—	—	~ 0	—	—	—	—	
6,58	11,08		13,1	3,02	2,3	0,036	15,30	86,5	89,0	0,97	Plastische Verformung
			—	—	—	0,152	—	—	—	—	
			13,2	3,04	2,3	0,167	15,25	86,5	89,5	0,97	
5,69	11,31	0,525	15,8	3,3	2,75	0,84	22,1	108,0	109,5	0,99	
			16,7		2,9	7,05	48[2]	235	236,5	0,99	[2] $y_F = 18$ schätzungsweise angenommen.

e) $$\bar{v}_{om} = \frac{P\sqrt{2\,g\,h_f}}{P + P_0 + \dfrac{G}{2}}.$$

Aus Spalte 24 ist die im allgemeinen gute Übereinstimmung der beiden Geschwindigkeitswerte ersichtlich.

Auffallend sind nur die deutlich über 1 liegenden Verhältniszahlen bei $P = 151$ und $P = 210$ kg. Bei diesen Lasten ist also die Geschwindigkeit und der Ausschlag größer als nach den anderen Stößen zu erwarten wäre. Die Erscheinung ist schwer zu erklären; vielleicht besteht bei diesen Lasten eine gewisse Übereinstimmung der Schwingungsfrequenz des Balkens

Fortsetzung auf S. 68.

Tafel 12.

Stoß Nr.	Last P kg	Fallhöhe h_f mm	Rücksprung h' mm	Ausschlag Gesamt y mm	Ausschlag bleibend y_{bl} mm	Ausschlag federnd y_e mm	Gesamte bleibende Durchbg. mm	Statische Durchbg. y_{St} mm	Kreisfrequenz aus der Rücksprungzeit β_0 sec^{-1}	$10^{-9}(EJ)_m$ kg.cm² aus y_{St}	$10^{-9}(EJ)_m$ kg.cm² aus β	$v=\dfrac{P+P_0}{G}$	$4u^2$	ψ
1	262	201	—	13,3	1,60	11,7	1,6	—	$\sim$	$\sim$	$\sim$	0,612	6,60	11,05
1a		204	—	13,8	0,35	13,45	1,95	0,82	115	3,35	3,45			
1b		204	—	—	0	—	1,95	—	—	—	—			
1c		204	—	—	0,20	—	2,15	0,94	110	2,95	3,15			
1d		204	—	14,2	0,35	13,85	2,5	0,99	110	(2,8)	3,15			
2	428	204	—	21,2	7,8	13,4	10,3	1,53	110	2,95	3,15	0,976	5,71	11,30
2a		212	—	22,9	9,0	13,9	19,3	1,53	107	2,95	3,0			
3		400	—	38,55	24,8	13,75	44,1	$\sim$	$\sim$	$\sim$	$\sim$			
3a		425	—	41,4	27,8	13,6	71,9	1,73	$\sim$	2,6	$\sim$			
3b		425	—	44,3	29,8	14,5	101,7	1,73	$\sim$	2,6	$\sim$			
3c		425	—	43,9	28,6	15,3	130,3	1,95	$\sim$	2,3	$\sim$			
3d		415	—	45,3	28,1	17,2	158,4	2,18	95	2,1	2,35			
3e		440	—	—	26,2	—	184,6	—	$\sim$	$\sim$	$\sim$			

Tafel 13.

Stoß Nr.	Last P kg	Fallhöhe h_f mm	Rücksprung h' mm	Ausschlag Gesamt y mm	Ausschlag bleibend y_{bl} mm	Ausschlag federnd y_e mm	Gesamte bleibende Durchbg. mm	Statische Durchbg. y_{St} mm	Kreisfrequenz aus der Rücksprungzeit β_0 sec^{-1}	$10^{-9}(EJ)_m$ kg.cm² aus y_{St}	$10^{-9}(EJ)_m$ kg.cm² aus β	$v=\dfrac{P+P_0}{G}$	$4u^2$	ψ
1	262	151	—	16,5	7,0	9,5	7,0	1,37	—	2,0	—	0,62	6,58	11,06
1a		158	—	15,9	2,7	13,2	9,7	1,50	105,5	1,85	2,85			
1b		161	—	—	1,95	—	11,65	1,50	—	1,85	—			
1c		163	—	—	1,05	—	12,7	1,53	—	1,8	—			
1d		164	—	—	1,15	—	13,85	—	—	—	—			
1e		166	—	16,8	1,15	15,65	15,0	1,53	93,5	1,8	2,25			
1f		167	—	16,75	1,05	15,7	16,05	1,53	99	1,8	2,5			
2	428	199	—	29,75	12,15	17,6	28,2	2,44	93	1,8	2,2	0,99	5,67	11,30
2a		198	—	29,3	10,8	18,5	39,0	2,65	95	1,7	2,3			
3		400	—	49,4	28,1	21,3	67,1	—	93	—	2,2			
3a		400	—	49,2	26,4	22,8	93,5	3,12	[98]	1,45	[2,45]			
3b		400	—	—	24,1	—	117,6	3,6	89	1,25	2,05			
3c		400	—	52,5	29,2	23,3	146,8	3,87	$\sim$	1,15	2,05			
3d		400	—	51,6	28,2	23,4	175,0	—	—	—	—			

Balken 51 f.

16	17	18	19	20	21	22	23	24	25	26
		M in tm mit $(EJ)_m$ aus								
$\varkappa$	$\dfrac{10^5}{\varrho_{me}}$ cm^{-1}	y_{St}	β_0	$10^2 \cdot \varphi_{pl}$	$\dfrac{y_0}{\text{mm}}$	v_{om} aus dem Ausschlag cm/sec	v_{om} aus dem Stoß cm/sec	$\dfrac{v_{om}}{v_{om}}$	$\overline{M}$	Anmerkungen
0,536	9,45	~	~		—	—	102	—		
	10,85	3,65	3,75		13,0	103,5	103	1,0		
	—	—	—	0	—	—	103	—		
	—	—	—	0,02	—	—	103	—		
	11,2	3,3	3,55	0,06	13,2	100,5	103	0,98		
0,525	11,05	3,25	3,5	0,90	17,8	117,5	126,5	0,93		
	11,5	3,4	3,45	1,87	19,1	122	129	0,95		
	11,35	3,2	~	4,56	26,8	~	177,5	~		Beginn der Druckzerstörung
	11,2	2,9	~	7,55	27,7	~	183	~		
	12,0	3,1	~	10,8	29,8	~	183	~		
	12,6	2,9	~	13,9	30,0	~	183	~		
	14,2	3,0	3,35	16,9	32,0	182,5	181	1,01		
	—	—	—	19,7	—	—	186	—		

Balken 52 f.

16	17	18	19	20	21	22	23	24	25	26
0,536	7,7	1,54	—		—	—	89	—		
	10,65	1,97	3,03	0	14,4	105	91	1,15	2,3	β_0 unsicher
	—	—	—	0,21	—	—	92	—		
	—	—	—	0,32	—	—	92,5	—		
	—	—	—	0,45	—	—	93	—		
	12,65	2,3	2,85	0,57	15,15	98	93,5	1,05	2,6	
	12,7	2,3	3,15	0,69	15,1	103,5	94	1,10	2,6	
0,525	14,5	2,6	3,2	2,00	24,1	133,5	126	1,06	2,8	
	15,3	2,6	3,5	3,16	24,0	135,5	125,5	1,08	3,0	
	17,6	—	3,9	6,2	36,5	202	178	1,13	3,0	
	18,8	2,7	(4,6)	9,05	37,1	216	178	1,21	3,2	Widerstand im Rollenlager
	—	—	—	11,65	—	—	178	—		
	19,2	2,2	3,95	14,8	38,1	202	178	1,13	3,1	
	19,3	—	—	17,9	37,8	—	178	—		

Tafel 14.

1	2	3	4	5	6	7	8	9	10	11	12	13	14	15
Stoß Nr.	Last P kg	Fallhöhe h_f mm	Rücksprung h' mm	Ausschlag Gesamt y mm	bleibend y_{bl} mm	federnd y_e mm	Gesamte bleibende Durchbg. mm	Statische Durchbg. y_{St} mm	Kreisfrequenz aus der Rücksprungzeit β_0 sec^{-1}	$10^{-9}\,(EJ)_m$ kg.cm² aus y_{St}	β_0	$v=\dfrac{P+P_0}{G}$	$4u^2$	ψ
1	262	151	—	14,2	2,6	11,6	2,6	0,87	129	3,2	4,3	0,618	6,59	11,06
1 a		154	—	13,8	0,50	13,3	3,1	1,00	121	2,75	3,8			
1 b		155	—	—	0,45	—	3,55	1,00	—	2,75	—			
1 c		155	—	—	0,45	—	4,0	1,00	—	2,75	—			
1 d		156	—	14,5	0,60	13,9	4,6	1,02	112	2,7	3,25			
1 e		156	—	14,55	0,55	14,0	5,15	1,02	110	2,7	3,1			
2	428	200	—	26,25	10,55	15,7	15,7	∼	∼	∼	∼	0,985	5,68	11,30
2 a		212	—	27,7	10,9	16,8	26,6	1,77	∼	2,55	∼			
3		400	—	46,8	27,0	19,8	53,6	2,00	92	2,25	2,2			
3 a		400	—	49,1	27,7	21,4	81,3	2,40	∼	1,9	∼			
3 b		400	—	51,1	26,1	25,0	107,4	2,74	∼	1,65	∼			
3 c		400	—	—	24,4	—	131,8	—	—	—	—			
3 d		400	—	—	23,0	—	154,8	—	—	—	—			

Tafel 15.

1	2	3	4	5	6	7	8	9	10	11	12	13	14	15
1	262	200	—	18,25	5,25	13,0	5,25	0,98	—	2,8	—	0,602	6,64	11,02
1 a		205	—	18,4	2,9	15,5	8,15	1,18	104	2,35	2,85			
1 b		208	—	—	2,3	—	10,45	—	—	—	—			
1 c		210	—	—	2,05	—	12,5	—	—	—	—			
1 d		212	—	20,25	2,55	17,7	15,05	1,18	104	2,35	2,85			
1 e		215	—	20,85	2,55	18,3	17,6	1,37	99	2,0	2,6			
2	428	200	—	32,6	12,3	20,3	29,9	2,65	95	1,7	2,4	0,96	5,74	11,30
2 a		212	—	35,4	11,9	23,5	41,8	3,03	∼	1,5	∼			
3		400	—	54,6	26,6	28,0	68,4	—	∼	—	∼			
3 a		400	—	58,9	24,6	34,3	93,0	4,90	79	0,92	1,65			
3 b		400	—	61,3	22,8	38,5	115,8	5,70	∼	0,8	∼			
3 c		400	—	60,1	17,1	43,0	132,9	—	∼	—	∼			

Balken 53f.

16	17	18	19	20	21	22	23	24	25	26
χ	$\dfrac{10^5}{\varrho_{me}}$ cm^{-1}	M in tm mit $(EJ)_m$ aus y_{St}	β_0	$10^2 \cdot \varphi_{pl}$	y_0 mm	v_{0m} aus dem Ausschlag cm/sec	$\overline{v}_{0m}$ aus dem Stoß cm/sec	$\dfrac{v_{0m}}{\overline{v}_{0m}}$	$\overline{M}$	Anmerkungen
0,536	9,35	3,0	4,0	0	—	—	89	—		β_0 unsicher
	10,75	2,95	4,1	0,05	12,75	107	90	1,19	2,9	
	—	—	—	0,10	—	—	90	—		
	—	—	—	0,15	—	—	90	—		
	11,2	3,0	3,6	0,22	13,45	104	90,5	1,15	2,7	
	11,3	3,05	3,5	0,28	13,5	103	90,5	1,14	2,7	
0,525	12,95	(3,35)	~	1,42	21,8	~	126	—		
	13,9	3,55	~	2,6	23,2	~	130	—		
	16,3	3,7	3,6	5,5	35,1	193	178	1,08	3,1	
	17,7	3,35	~	8,5	36,9	~	178	—	3,05	
	20,6	3,4	~	11,3	40,0	~	178	—	3,0	
	—	—	—	14,0	—	—	178	—		Widerstand im Rollenlager
	—	—	—	16,5	—	—	178	—		

Balken 54f.

16	17	18	19	20	21	22	23	24	25	26
0,536	10,5	2,95	—	0	—	—	101	—		β_0 unsicher
	12,5	2,95	3,55	0,31	16,8	122	102	1,2	2,5	
	—	—	—	0,56	—	—	103	—		
	—	—	—	0,78	—	—	103,5	—		
	14,25	3,35	4,05	1,06	18,8	136	104	1,3	2,4	
	14,75	2,95	3,85	1,34	19,2	132,5	105	1,26	2,4	
0,525	16,75	2,85	4,0	2,66	27,0	155	125	1,24	2,6	
	19,4	2,9	—	3,95	29,7	~	129	—	2,5	
	23,1	—	—	6,85	42,2	~	177	—	2,9	Beginn der Druckzerstörung
	28,3	2,6	4,65	9,5	47,4	226	177	1,28	2,8	
	31,8	2,5	—	12,0	50,0	~	177	—	2,85	
	35,5	—	—	13,8	50,8	~	177	—	3,1	

Tafel 16. Balken 51c.

1	2	3	4	5	6	7	8	9	10	11	12	13	14	15	16	17	18	19	20	21	22
Stoß Nr.	Last P kg	Fallhöhe h_f mm	$\overline{v_{om}}$ cm/sec	Ausschlag Gesamt y mm	Ausschlag bleib. y_{bl} mm	Ausschlag federnd y_e mm	Ges. bleib. Durchbg. mm	Statische Durchbg. y_{St} mm	$10^{-9} EJ_m$ aus y_{St} kg·cm²	$v=\dfrac{P+P_0}{G}$	$4u^2$	ψ	χ	$\dfrac{10^5}{\varrho\,me}$ cm^{-1}	M tm mit EJ_m aus y_{St}	$10^2\cdot\varphi_{pl}$	y_0 mm	β_0 aus $\overline{v_{om}}$ sec^{-1}	$10^{-9} EJ_m$ aus β_0 kg·cm²	$\overline{M}$ tm mit EJ_m aus β_0	Anmerkungen
	$P_0=18$									0,04	9,52	10,02	—								
1	92	200	54,5	5,35	1,2	4,15	1,2	(0,15)		0,245	8,08	10,60		3,2			5,2	124	3,2	1,0	
1a		200	54,5	5,35	0,3	5,05	1,5							3,9			5,2	124	3,2	1,25	
1b		200	54,5	5,55	0,2	5,35	1,7							4,15			5,4	119	3,0	1,25	
2	152	200	77	9,35	o		1,7	(0,3)		0,380	7,43	10,81		7,4			9,05	109	2,8	2,1	
2a		200	77	9,5	o		1,7							7,5			9,2	107	2,75	2,1	
2b		200	77	9,9	o		1,7							7,8			9,6	103	2,65	2,1	$\left.\vphantom{\begin{matrix}a\\b\\c\\d\end{matrix}}\right\}$ β_0 ist zu klein
3	182	200	85	11,1	o		1,7	(0,4)		0,446	7,19	10,90		8,85			10,7	105	2,7	2,4	
3a		200	85	11,1	o		1,7							8,85			10,7	105	2,7	2,4	
4	212	200	92,5	~	o		1,7	(0,5)		0,514	6,94	10,97		~			~	~			
4a		200	92,5	12,25	o		1,7							9,8			11,75	108	2,75	2,7	
5	242	200	99	13,0	o		1,7	(0,6)		0,580	6,70	11,02	—	10,45			12,4	113	2,9	3,0	
5a		200	99	12,9	o		1,7							10,4		o	12,3	114	2,9	3,0	
6	272	200	105	14,3	0,3	14,0	2,0	(0,7)		0,648	6,50	11,10	0,535	11,3		0,032	13,6	113	2,9	3,3	
6a		200	105	14,4	0,3	14,1	2,3							11,4		0,065	13,7	112	2,85	3,25	
7	302	202	110,5	16,05	1,8	14,25	4,1	(0,8)		0,715	6,32	11,13	0,533	11,6		0,26	15,05	110	2,8	3,25	
7a		204	111	16,25	1,8	14,45	5,9							11,75		0,345	15,25	110	2,8	3,3	
8	332	206	116	18,2	4,7	13,5	10,6	(1,0)		0,781	6,15	11,20	0,531	11,05		0,96	16,3	110	2,8	3,1	
8a		210	117	18,7	5,0	13,7	15,6							11,2		1,50	16,75	108	2,75	3,1	
8b		215	118,5	19,15	5,25	13,9	20,85							11,4		2,07	17,2	106,5	2,7	3,1	
8c		219	120	19,4	4,9	14,5	25,75							11,85		2,60	17,5	106	2,7	3,2	
8d		224	121																			
8e		229	122,5																			
8f		234	124				42,0										4,35					$\left.\vphantom{\begin{matrix}a\\b\\c\\d\end{matrix}}\right\}$ Keine Schwingungsmessungen
8g		240	125				~47,5										~5,0					

Tafel 17. Balken 51e.

1	2	3	4	5	6	7	8	9	10	11	12	13	14	15	16	17	18	19	20	21	22
1	332	200	116	16,3	2,2	14,1	2,2	(1,0)		0,805	6,10	11,20	0,531	11,5		o?					
1a		202	117	15,9	0,3	15,6	2,5							12,8		0,03	14,9	122	3,0	3,85	
2	392	202	124	20,35	6,25	14,1	8,75	(1,7)		0,94	5,79	11,29	0,526	11,6		0,71	17,35	117	2,9	3,4	
2a		209	126	21,05	6,85	14,2	15,6							11,7		1,45	17,9	115	2,85	3,35	
3	452	216	136	24,9	11,2	13,7	26,8	(2,0)		1,08	5,53	11,34	0,524	11,35		2,66	19,7	118	2,9	3,3	
3a		227	139	27,1	11,9	15,2	38,7							12,6		3,95	21,8	110	2,7	3,4	

Tafel 18. Balken 52c.

1	2	3	4	5	6	7	8	9	10	11	12	13	14	15	16	17	18	19	20	21	22
	$P_0=18$									0,04	9,52	10,02									
1	92	200	54,5	6,3	1,6	4,7	1,6	(0,2)		0,244	8,08	10,60		3,65			6,1	105	2,8	1,02	
1a		202	54,5	6,6	0,3	6,3	1,9							4,9			6,4	100	2,55	1,25	
1b		202	54,5	—	0,3	—	2,2							—			—	—	—	—	
2	152	202	76	12,0	1,05	10,95	3,25	(0,7)		0,377	7,43	10,81		8,65			11,3	86	1,9	1,6	
2a		203	76	12,4	0,15	12,25	3,4							9,7			11,7	83	1,75	1,7	
2b		203	76	—	0,1	—	3,5							—			—	—	—	—	
3	182	204	86	13,7	0,5	13,2	4,0	(0,9)		0,444	7,19	10,91		10,5			12,8	89	2,05	2,15	
3a		204	86	13,7	0,2	13,5	4,2							10,75		0	12,8	89	2,05	2,2	
4	211	204	93	15,3	0,9	14,4	5,1	(1,1)		0,509	6,94	10,99	0,541	11,55		0,10	14,1	90	2,05	2,35	Plastische Verformung
4a		205	93	15,45	0,65	14,8	5,75							11,9		0,17	14,3	89	2,05	2,45	
5	241	206	100	17,45	1,45	16,0	7,2	(1,3)		0,575	6,72	11,05	0,538	12,9		0,32	16,0	88	2,0	2,6	
5a		207	100	17,6	1,2	16,4	8,4							13,25		0,45	16,2	87	1,95	2,6	
6	270	208	106	21,0	2,7	18,3	11,1	1,5	1,9	0,640	6,54	11,11	0,535	14,85	2,8	0,75	19,2	81	1,7	2,5	
6a		211	107	21,0	2,4	18,6	13,5	1,5						15,1	2,85	1,00	19,25	81	1,7	2,55	
7	300	214	113	22,35	3,95	18,4	17,45	1,6	1,95	0,706	6,34	11,13	0,533	14,95	2,9	1,41	20,2	84	1,8	2,7	
7a		217	114	22,3	3,15	19,15	20,6	1,8	1,8					15,6	2,8	1,77	20,1	85	1,8	2,8	
8	329	221	120	25,1	5,5	19,6	26,1	1,9	1,8	0,770	6,19	11,18	0,531	16,0	2,9	2,37	22,3	83	1,75	2,8	
8a		226	121	25,55	5,3	20,25	31,4	2,1	1,65					16,55	2,75	2,92	22,6	82	1,7	2,8	
9	359	231	127	27,6	6,6	21,0	38,0	2,3	1,65	0,837	6,03	11,22	0,529	17,2	2,85	3,65	24,15	83	1,75	3,0	
9a		238	129	25,3	5,3	20,0	43,3	2,4	1,6					16,4	2,6	4,20	22,1	92	~	2,8	
10	389	243	134	31,7	9,8	21,9	53,1	~		0,905	5,87	11,26	0,527	18,0	2,85	5,30	27,2	80	1,65	2,95	
10a		253	137	33,1	10,9	22,2	64,0	2,5	1,6					18,25	2,9	6,47	28,2	79	1,6	2,9	

Tafel 19. Balken 52e.

1	2	3	4	5	6	7	8	9	10	11	12	13	14	15	16	17	18	19	20	21	22
1	329	200	114	21,1	6,5	14,6	6,5	1,4	~	0,775	6,18	11,18	0,531	11,9	~	~	~	~	~	~	Zum Teil plastische Verformung
1a		207	116	22,3	5,7	16,6	12,2	1,8	1,9					13,55	2,55	0,62	19,6	91	2,1	2,85	Nur plast. Verformung angenommen
2	389	212	126	27,05	9,15	17,9	21,35	2,25	1,8	0,91	5,86	11,26	0,527	14,7	2,65	1,6	22,7	90	2,05	3,0	
2a		221	128	28,35	9,15	19,2	30,5	2,25	1,8					15,8	2,85	2,6	24,1	86	1,9	3,0	
3	446	231	138	33,9	13,3	20,6	43,8	2,75	1,7	1,035	5,56	11,33	0,525	17,1	2,9	4,05	27,8	85	1,85	3,15	
3a		244	142	36,0	14,7	21,3	58,5	2,75	1,7					17,6	3,0	5,6	29,5	82	1,7	3,0	
3b		259	146	—	15,3	—	73,8	—	—							7,3					
3c		274	150	—	16,3	—	90,1	—	—							9,05					Druckzerstörung

Tafel 20. Balken 53c.

Stoß Nr.	Last P kg	Fallhöhe h_f mm	v_{om} cm/sec	Ausschlag Gesamt y mm	Ausschlag bleib. y_{bl} mm	Ausschlag federnd y_e mm	Ges. bleib. Durchbg. mm	Statische Durchbg. y_{St} mm	$10^{-9} EJ_m$ aus y_{St} kg·cm²	$v = \frac{P+P_0}{G}$	$4u^2$	ψ	χ	$\frac{10^5}{\varrho me}$ cm⁻¹	M tm mit EJ_m aus y_{St}	$10^2 \cdot \varphi_{pl}$	y_0 mm	β_0 aus v_{om} sec⁻¹	$10^{-9} EJ_m$ aus β_0 kg·cm²	M tm mit EJ_m aus β_0	Anmerkungen
	$P_0=18$									0,04	9,52	10,02									
1	92	200	56	7,0	1,3	5,7	1,3	(0,4)		0,255	8,03	10,60		4,4			6,6	100	2,45	1,1	
1a		200	56	7,0	0,5	6,5	1,8							5,0			6,6	100	2,45	1,2	
1b		200	56	~	0,1	~	1,9							~			~	~			
2	152	200	78	11,8	0,4	11,4	2,3	(0,6)		0,394	7,39	10,81		9,0			11,2	90	2,0	1,8	
2a		200	78	11,8	0,1	11,7	2,4							9,25			11,2	90	2,0	1,85	
2b		200	78	~	0	~	2,4							—			~	~			
3	181	200	87	12,6	0,1	12,5	2,5	(0,7)		0,46	7,12	10,91		9,95			11,9	98	2,35	2,35	
3a		200	87	12,7	0	12,7	2,5							10,1			12,0	97	2,3	2,3	
4	210	200	94	14,5	0,2	14,3	2,7			0,53	6,85	10,99		11,5			13,65	96	2,25	2,6	
4a		200	94	14,5	0,25	14,25	2,95	0,85	2,6					11,45	3,0	0	13,65	96	2,25	2,6	
5	239	201	100	16,4	0,2	16,2	3,15	0,95	2,6	0,595	6,70	11,05		13,05	3,4	0,02	15,45	92	2,1	2,7	
5a		201	100	16,4	0,25	16,15	3,40	0,95	2,6					13,0	3,4	0,05	15,45	92	2,1	2,7	
6	268	201	106	18,2	1,25	16,95	4,65	1,1	2,55	0,66	6,46	11,11	0,535	13,75	3,5	0,18	17,0	92	2,1	2,9	
6a		203	106	18,35	1,3	17,05	5,95	1,1	2,55					13,85	3,5	0,32	17,1	91	2,05	2,85	
7	297	204	112	20,2	2,75	17,45	8,7	1,4	2,2	0,73	6,28	11,16	0,533	14,2	3,1	0,62	18,45	92	2,1	3,0	
7a		207	113	20,7	3,0	17,7	11,7	1,4	2,2					14,4	3,2	0,95	18,9	91	2,05	2,95	
8	326	210	118	22,7	4,5	18,2	16,2	1,6	2,15	0,80	6,12	11,20	0,531	14,9	3,2	1,43	20,4	90	2,0	3,0	
8a		214	119	23,0	4,9	18,1	21,1	1,6	2,15					14,8	3,2	1,96	20,6	90	2,0	2,95	
9	356	219	125	25,8	6,8	19,0	27,9	1,8	2,1	0,87	5,95	11,24	0,529	15,6	3,3	2,70	22,8	88	1,9	2,95	
9a		226	127	26,9	7,1	19,8	35,0	1,8	2,1					16,3	3,4	3,46	23,8	86	1,8	2,95	
10	386	233	133	29,0	9,15	19,8	44,15	1,9	2,1	0,94	5,80	11,28	0,527	16,3	3,4	4,45	25,1	87	1,85	3,0	
10a		242	136	30,3	9,85	20,4	54,0	2,0	2,0					16,8	3,35	5,51	26,2	85	1,8	3,0	
11	414	252	142	34,4	13,0	21,4	67,0	2,2	2,0	1,0	5,66	11,31	0,525	17,7	3,55	6,92	29,0	82	1,65	2,9	
11a		265	146	~	~	~	~	~													Beginn der Druckzerstörung
11b		278	149	~	~	~	~	~								~10					

Tafel 21. Balken 53e.

Stoß Nr.	Last P kg	Fallhöhe h_f mm	v_{om} cm/sec	Ausschlag Gesamt y mm	Ausschlag bleib. y_{bl} mm	Ausschlag federnd y_e mm	Ges. bleib. Durchbg. mm	Statische Durchbg. y_{St} mm	$10^{-9} EJ_m$ aus y_{St} kg·cm²	$v = \frac{P+P_0}{G}$	$4u^2$	ψ	χ	$\frac{10^5}{\varrho me}$ cm⁻¹	M tm mit EJ_m aus y_{St}	$10^2 \cdot \varphi_{pl}$	y_0 mm	β_0 aus v_{om} sec⁻¹	$10^{-9} EJ_m$ aus β_0 kg·cm²	M tm mit EJ_m aus β_0	Anmerkungen
1	326	200	112	20,3	5,2	15,1	5,2	1,3	2,6	0,74	6,26	11,16	0,533	12,3	3,2	~	~	~	~	~	Zum Teil plastische Verformung
1a		205	113	20,8	4,3	16,5	9,5	1,3	2,6					13,45	3,5	0,47	18,8	91	2,2	2,95	Nur plast. Verformung angenommen
2	386	210	123	25,8	8,6	17,2	18,1	1,7	2,4	0,87	5,95	11,24	0,529	14,15	3,4	1,4	22,2	89	2,1	3,0	
2a		218	125	26,8	8,5	18,3	26,6	1,8	2,3					15,05	3,45	2,3	23,2	86	2,0	3,0	
3	440	227	134	31,35	12,2	19,15	38,8	2,0	2,3	0,99	5,69	11,31	0,525	15,8	3,6	3,6	26,3	85	1,9	3,0	Beginn der Druckzerstörung
3a		239	138	32,9	13,2	19,7	52,0	2,1	2,2					16,3	3,6	5,05	27,4	84	1,85	3,0	
3b		252	141	34,5	13,6	20,9	65,6	2,1	2,2					17,3	3,8	6,5	29,0	82	1,8	3,1	

Stoßversuche.

Tafel 22. Balken 54c.

1	2	3	4	5	6	7	8	9	10	11	12	13	14	15	16	17	18	19	20	21	22
	$P_0=18$									0,04	9,52	10,02									
1	92	200	55	7,4	0,46	6,95	0,46	(0,4)		0,245	8,07	10,60		5,4			7,0	93	2,2	1,2	
1a		200	55	7,75	0,20	7,55	0,66							5,85			7,35	88	2,0	1,15	
1b		200	55	—	0,05	—	0,71							—			—	—	—	—	
2	152	200	77	12,1	0,50	11,6	1,21	0,7	2,3	0,380	7,42	10,81		9,15	2,1		11,4	86,5	1,9	1,75	
2a		200	77	12,2	0,16	12,05	1,37	0,7	2,3					9,5	2,2		11,5	86	1,9	1,8	
2b		200	77	—	0,15	—	1,52							—	—		—	—	—	—	
3	181	202	85	14,1	0,42	13,7	1,94	0,9	2,1	0,445	7,17	10,91		10,9	2,3		13,2	85,5	1,9	2,05	
3a		202	85	13,9	0,28	13,6	2,22	0,9	2,1					10,85	2,3	0	13,0	87	1,9	2,05	
4	210	202	92	16,3	0,35	15,95	2,57	1,2	1,85	0,509	6,94	10,99	0,541	12,8	2,35	0,04	15,1	83,5	1,8	2,3	Plastische Verformung
4a		202	92	16,5	0,41	16,1	2,98	1,2	1,85					12,9	2,4	0,08	15,3	82,5	1,75	2,25	
5	239	203	99	18,7	1,25	17,45	4,23	1,4	1,8	0,574	6,72	11,05	0,538	14,1	2,55	0,22	17,2	81,5	1,7	2,4	
5a		204	99	19,2	0,98	18,2	5,21	1,4	1,8					14,7	2,65	0,32	17,7	79	1,6	2,35	
6	268	205	105	21,7	2,01	19,7	7,22	(1,6)	~	0,639	6,54	11,11	0,535	16,0	2,9	0,54	19,9	77	1,5	2,4	
6a		207	106	21,85	2,01	19,85	9,23	~	~					16,1	2,9	0,76	20,05	77	1,5	2,4	
7	297	209	111	24,8	4,03	20,75	13,26	1,75	1,75	0,704	6,35	11,16	0,533	16,9	2,95	1,19	22,5	74	1,4	2,35	
7a		213	112	25,05	3,56	21,5	16,82	~	~					17,5	2,95	1,58	22,85	73,5	1,4	2,45	
8	326	217	118	27,8	5,28	22,5	22,10	2,05	1,65	0,768	6,20	11,20	0,531	18,4	3,05	2,15	24,95	72,5	1,35	2,5	
8a		222	120	28,65	4,65	24,0	26,75	2,2	1,55					19,65	3,05	2,65	25,8	71	1,3	2,55	
9	356	227	126	32,0	6,5	25,5	33,25	2,65	1,4	0,835	6,02	11,24	0,529	21,0	2,95	3,35	28,4	70	1,25	2,6	Beginn der Druckzerstörung
9a		233	127	33,2	6,2	27,0	39,45	2,85	1,25					22,2	2,8	4,03	29,4	68	1,2	2,65	
10	386	239	133	37,6	7,95	29,65	47,4	3,6	1,15	0,901	5,87	11,28	0,527	24,45	2,8	4,9	32,8	66	1,1	2,7	

Tafel 23. Balken 54e.

1	2	3	4	5	6	7	8	9	10	11	12	13	14	15	16	17	18	19	20	21	22
1	326	200	111	22,3	6,7	15,6	6,7	1,7	2,0	0,724	6,30	11,17	0,532	12,7	2,55	—	~	~	~	~	Zum Teil plastische Verformung
1a		207	113	22,9	4,6	18,3	11,3	1,8	1,9					14,9	2,85	0,50	20,4	84	1,9	2,85	Nur plast. Verformung angenommen
2	386	211	123	28,8	8,4	20,4	19,7	2,25	1,8	0,860	5,95	11,25	0,528	16,8	3,0	1,40	24,8	79	1,7	2,85	
2a		220	125	30,3	8,5	21,8	28,2	2,35	1,7					17,9	3,05	2,32	26,3	76	1,55	2,8	
3	440	228	134	35,9	12,3	23,6	40,5	2,8	1,65	0,975	5,71	11,31	0,525	19,5	3,2	3,65	30,3	74	1,5	2,9	Druckzerstörung
3a		240	138	37,4	10,9	26,5	51,4	3,1	1,5					21,9	3,3	4,85	32,2	72	1,4	3,05	

und der inneren Schwingungen des Fallgewichtes, so daß die Energie, die beim Stoß in den Korb geht, zum Teil auf den Balken übertragen wird und so den Ausschlag vergrößert. Man sieht jedenfalls, daß die Stoß- und Schwingungsvorgänge äußerst verwickelt und schwer zu durchschauen sind.

Die Balken f wurden in der gleichen Weise behandelt (Tafeln 12 bis 15). Bei der großen Last von 450 kg ist der Rückwurf immer klein und die Bestimmung des β_0 unsicher. Die Mehr-

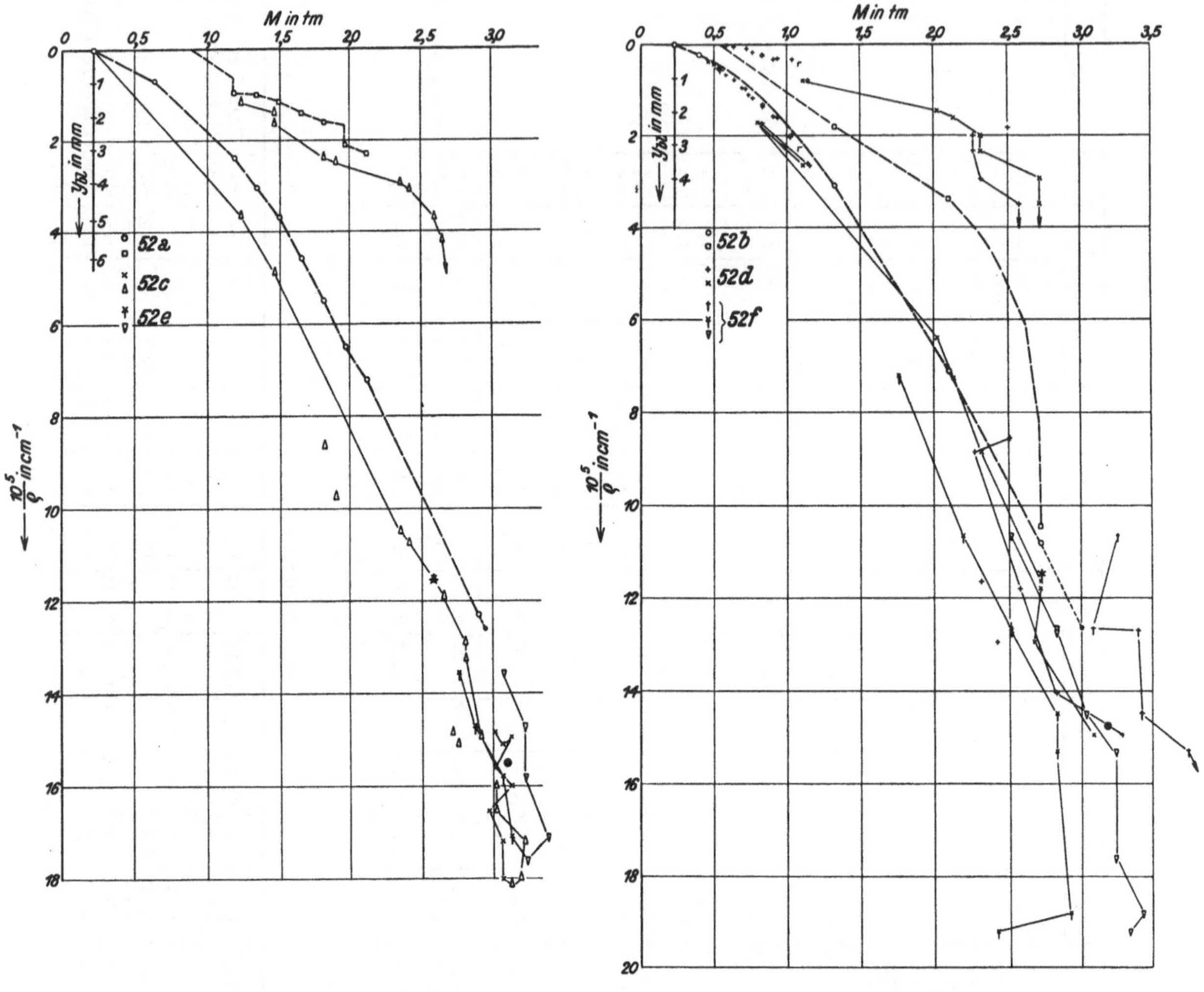

Abb. 40. Balken 52 a, c, e.   Abb. 41. Balken 52 b, d, f.

zahl der Werte ist zu groß, wie aus den Momenten (Spalte 19) und den Zahlen der Spalte 24 hervorgeht. Es wurde deshalb β_0 aus $\overline{v_{0m}}$ zurückgerechnet und daraus EJ und $\overline{M}$ (Spalte 25) bestimmt.

Nachdem an den Balken d die reduzierte Masse mit annähernd $\frac{m}{2}$ festgestellt war und die übrigen Unklarheiten beseitigt waren, konnte die Auswertung der Reihe I erfolgen. Die Tafeln 16 bis 23 enthalten die Schwingungsausschläge, die statische Durchbiegung sowie die daraus abgeleiteten Krümmungs- und Momentenwerte in der gleichen Weise wie die vorigen Tafeln. Wenn die statische Durchbiegung auf den Schwingungsbildern nicht vorhanden war, besonders bei kleinen Lasten, wurde sie schätzungsweise als eingeklammerte Zahl eingesetzt und nicht zur Berechnung des EJ, sondern nur bei der Ermittlung des y_0 verwendet. Die anfängliche Fallhöhe von 20 cm ist nur ungefähr richtig. Sobald die bleibende Einsenkung beträchtlich wurde, ist sie zur Fallhöhe zugerechnet. In Spalte 4 ist die Geschwindigkeit nach der Stoßformel

(Gl. e) angegeben. Sie wird hier als richtig betrachtet und zur Berechnung der Frequenz β_0 (Spalte 19) nach Gl. 22 verwendet, aus der dann weiter EJ nach Gl. b (Spalte 20) und damit das Moment (Spalte 21) bestimmt wurde. Die Zwischenergebnisse β_0 und EJ sind bloß wegen des Vergleichs mit den anderen Balken, bzw. dem EJ nach Spalte 10, angeführt.

q) Ergebnisse der Stoßversuche.

Die zusammengehörigen Werte M und $\dfrac{1}{\varrho_{me}}$ aus den Tafeln 8 bis 23 sind in den Abb. 38 bis 45 aufgetragen, und zwar das Moment aus der statischen Durchbiegung mit $\times$ bzw. $\curlyvee$,

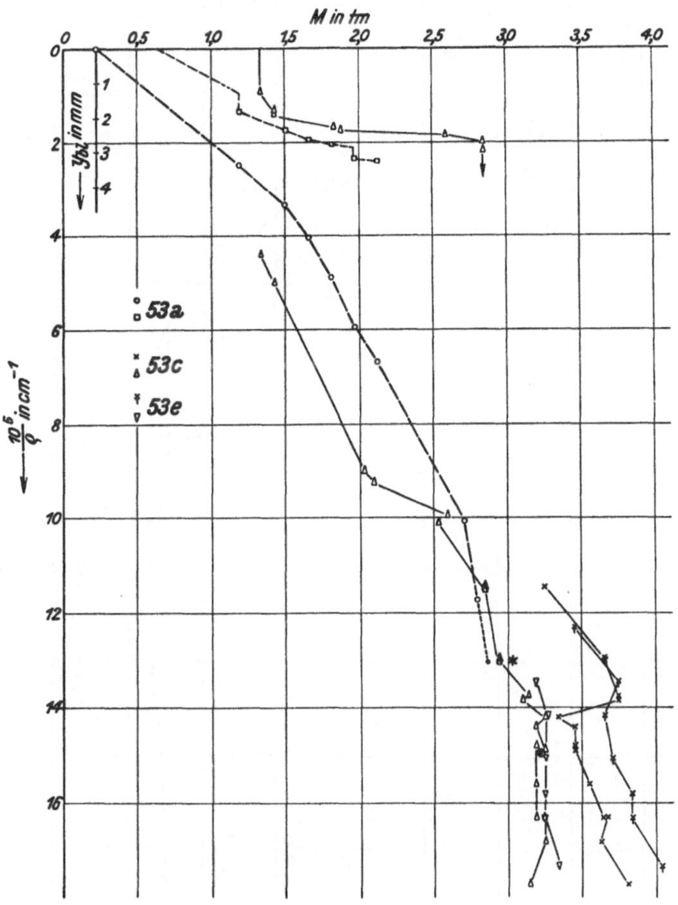

Abb. 42, Balken 53 a, c, e.

das Moment aus β_0 mit $+$ ($\dagger$) und das aus $\overline{v_{0m}}$ mit $\triangle$ ($\triangledown$). Werte, die mit einem zwischengeschalteten EJ berechnet sind, wurden mit halben Zeichen ($\sqcap$ und $\wedge$) dargestellt. Zu den gleichen Momenten ist auch die gesamte bleibende Durchbiegung, soweit sie nicht vom Strecken herrührt, eingetragen. Die Krümmung bzw. Durchbiegung ist von der Eigengewichtslage gerechnet; zu den Momenten der Tafeln ist das Moment aus Eigengewicht und Stoßplatte zugerechnet. In der gleichen Weise ist die rohe federnde Krümmung des ruhigen Biegebalkens (—o——o—) und dessen bleibende Durchbiegung (——◻——◻—) eingetragen (aus den Abb. 12 bis 15 entnommen). Der letzte kurz gestrichelte Teil der Krümmungslinie ist nicht mehr gemessen, sondern ist die Verlängerung der Linie bis zum Höchstmoment, das durch einen vollen Kreis (●) dargestellt ist. Die Krümmungslinien aus Stoßversuch und ruhigem Biegeversuch stimmen gut überein, nur geht die Linie des Stoßversuches mehr oder weniger weit über den Endpunkt der ruhigen Biegung hinaus, d. h. die federnde Formänderung und Spannung des Stahls ist bei stoßweiser Belastung höher als beim ruhigen Versuch. Diese Erscheinung tritt am stärksten beim St 37 (Balken 51) hervor; bei den hochwertigen Stählen ist sie schwächer. Moment und Krümmung beim Beginn der plastischen Verformung sind durch einen Stern (✻) hervorgehoben; ferner ist noch der Punkt für $\varphi_{pl} = 0{,}02$ eingezeichnet (⊙). Die Punkte sind das Mittel aus den beiden gemeinsam dargestellten Stoßversuchen. Bei dieser Mittelbildung wurden in erster Linie die Momente aus

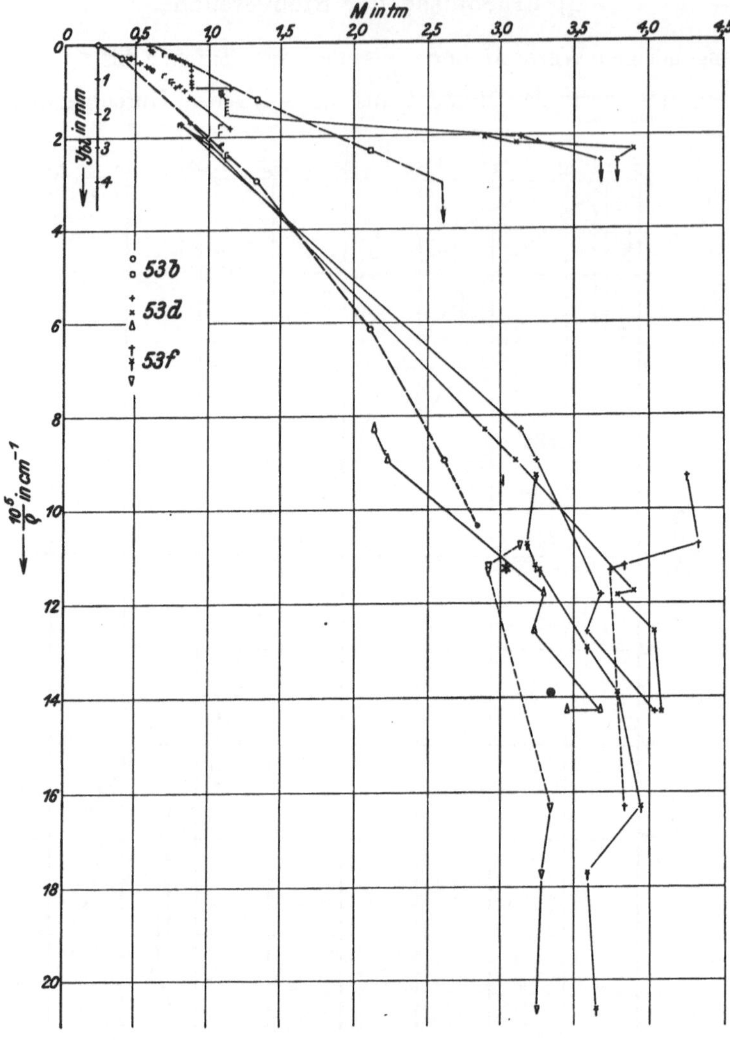

Abb. 43. Balken 53 b, d, f.

$\overline{v_{0m}}$ (△, ▽) berücksichtigt; die anderen nur, soweit sie von der Verlängerung der Linie des ruhigen Versuches nicht allzu sehr abweichen.

Beim Stahl St 37 liegen die beiden Punkte sehr nahe beieinander (bei den Balken c, e fallen sie sogar zusammen). Hier wird demnach durch das Strecken im Mittelriß der Zustand der beiden Balkenhälften nicht mehr geändert.

Beim Istegstahl liegt der Streckbeginn beim Stoßversuch ungefähr in gleicher Höhe wie beim ruhigen Biegeversuch; der Verlauf der Formänderungen ist hier, der Spannungs-Dehnungslinie des Istegstahls entsprechend stetig gekrümmt, so daß ein „Streckbeginn" nicht eindeutig angegeben werden kann. Der Punkt für $\varphi_{pl} = 0{,}02$ liegt schon über der ruhigen Höchstlast. Bei weiterwachsendem Knickwinkel steigen die Momente schwach an, während die federnde Krümmung erheblich zunimmt.

Das gleiche gilt für die hochwertigen Rundstähle, nur daß hier der Streckbeginn bereits über dem ruhigen Größtmoment liegt.

Tafel 24. Abmessungen und Gewichte der Stoßbalken. Ergebnisse.

1	2	3	4	5	6	7	8	9	10	11	12	13	14	15	16	17	18	19	20	21	22	23
Balken Nr.	b cm	d cm	h cm	F_e	G kg	$G'=\frac{G+P_0}{2}$ kg	Beginn der plastischen Verformung					Bei $\varphi_{pl}=0{,}02$					Balken Nr.	$\varphi_{pl}=0{,}02$ beim ruhigen Biegeversuch				
							$\frac{10^5}{\varrho_{me}}$ cm^{-1} Einzeln	Mittel	M tm Einzeln	Mittel	σ_e kg/cm²	$\frac{10^5}{\varrho_{me}}$ cm^{-1} Einzeln	Mittel	M tm Einzeln	Mittel	σ_e kg/cm²		$\frac{10^5}{\varrho_{me}}$ cm^{-1} Einzeln	Mittel	M tm Einzeln	Mittel	σ_e kg/cm²
51 c	20,0	25,0	22,0	2 Ø 18 = 5,2 cm²	448	242	12,1		3,45			12,3		3,45			51a	8,4		2,69		
e	19,6	24,8	21,8	St 37	435	235	12,3	12,0		3,6	3450	12,3	12,3		3,6	3450			7,7		2,63	2500
d	20,6	25,5	22,5	σ_s = 2400 kg/cm²	462	249	11,5		3,8			12,4		3,8			51b	6,9		2,57		
f	20,2	25,3	22,3		458	247	—					12,2										
52 c	20,1	25,0	22,0	2 ⊕ 10 = 3,03 cm²	450	243	12,6		2,65			17,1		3,1			52a	12,8		2,84		
e	20,0	25,0	22,0	St Isteg	448	242	—	12,6		2,7	4400	16,4	16,3		3,15	5150			12,55		2,82	4550
d	20,4	25,3	22,3	σ_i = 4050 kg/cm²	460	248	12,6		2,75			16,2		3,2			52b	12,3		2,80		
f	20,0	25,3	22,3	σ_z = 4465 ,,	451	243						15,6										
53 c	19,4	24,8	22,8	2 Ø 14 = 3,1 cm²	431	233	14,1		3,05			16,1		3,25			53a	11,9		2,73		
e	20,7	25,0	22,0	St 55	464	250	—	12,8		3,05	4800	15,9	15,5		3,3	5250			11,4		2,75	4400
d	19,8	25,0	22,0	σ_s = 3930 kg/cm²	450	243	12,7		3,05			15,4		3,35			53b	10,9		2,78		
f	20,0	25,5	22,5		453	244	11,7					14,4										
54 c	20,0	25,0	22,0	2 Ø 12 = 2,22 cm²	448	242	14,1		2,7			19,5		2,9			54a	15,4		2,65		
e	21,0	25,0	22,0	St 80	470	253	13,8	13,7		2,7	6000	18,5	18,2		3,0	6650			14,5		2,68	5800
d	20,0	25,6	22,6	$\sigma_{0,2\,\%}$ = 4805 cm²	460	248	13,3		2,7			17,5		3,05			54b	13,6		2,70		
f	20,0	25,5	22,5		465	250	13,7					17,2										

Die M- und $\frac{1}{\varrho}$-Werte (letztere bis $M = 0$ verlängert) der beiden kennzeichnenden Punkte sind in der Tafel 24 zusammengestellt, wo auch die Gesamtmittel gebildet und die Stahlspannungen berechnet sind unter der näherungsweisen Annahme:

$$z = h - 2 \text{ cm}$$

(h ist das Mittel aus den tatsächlichen Abmessungen, die im ersten Teil der Tafel stehen).

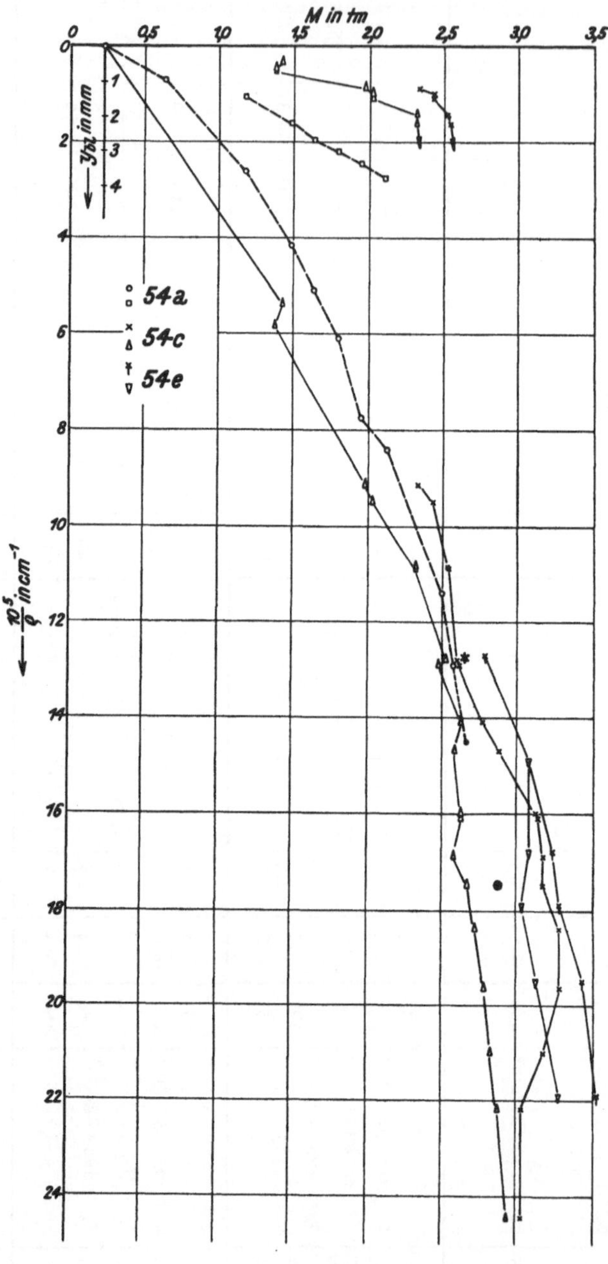

Abb. 44. Balken 54 a, c, e.

Zum Vergleich sind noch die M und $\frac{1}{\varrho_e}$ aus den ruhigen Biegeversuchen für $\varphi_{pl} = 0{,}02$ angeführt.

In den Abb. 46 und 47 ist der Stoßwiderstand der einzelnen Stahlsorten veranschaulicht. Die Abb. 46 zeigt zunächst die zusammengehörigen Lasten und Fallhöhen, bei welchen der federnde Biegewiderstand der Balken gerade bis zur Streckgrenze ausgenützt wird.

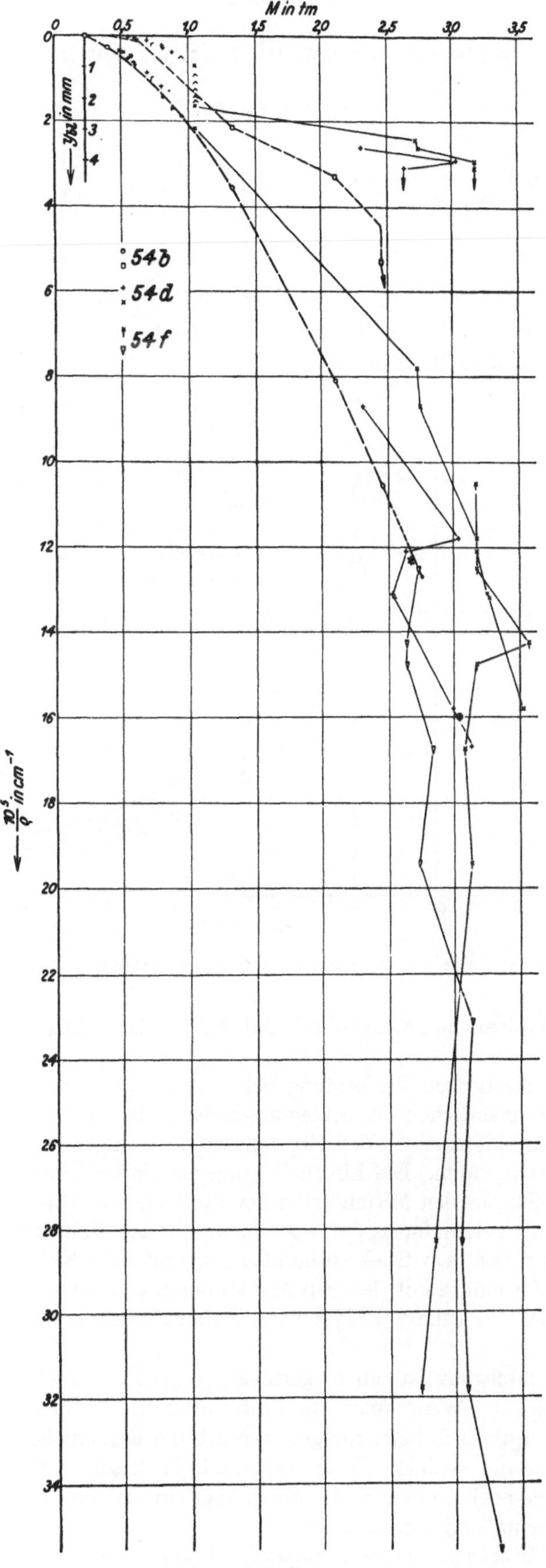

Abb. 45. Balken 54 b, d, f.

Die Grenz-Fallhöhe ergibt sich aus der Gl. 7 (S. 34) durch Nullsetzen des Klammerausdrucks, also:

$$v_{0m}{}^2 = (y_F\,\beta)^2$$

oder

$$2g\,h_f \left(\frac{P}{P + P_0 + \dfrac{G}{2}}\right)^2 = 2g\,h_f \left(\frac{v - 0{,}04}{v + \dfrac{1}{2}}\right)^2 = \frac{M_F}{\varrho_F\,\mu}\left(\frac{4\,u^2}{\psi}\right)^2.$$

Als M_F sind die Momente der Tafel 24, Spalte 11, vermindert um das ruhige Biegemoment $\dfrac{g\,l^2}{8} + (P + P_0)\,\dfrac{l}{4}$, verwendet; die $\dfrac{1}{\varrho}$-Werte der Spalte 9 sind im gleichen Verhältnis abgemindert. Als Balkengewicht ist der Mittelwert von 450 kg eingesetzt; das Gewicht der Stoßplatte ist $P_0 = 18$ kg, demnach

$$v_0 = \frac{P_0}{G} = 0{,}04.$$

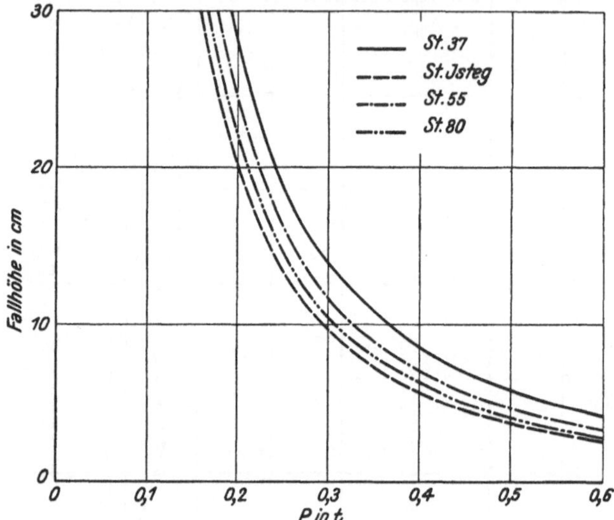

Abb. 46. Grenze des elastischen Stoßwiderstandes ($\varphi_{pl} = 0$).

Den höchsten elastischen Stoßwiderstand hat St 37, dann folgen der Reihe nach St 55, St 80 und St Isteg.

Den Vergleich der plastischen Verformung bei den vier Stahlsorten gibt die Abb. 47. Die Linienschar A stellt die plastischen Durchbiegungen der Balkenmitte bei verschiedenen Lasten und 20 cm Fallhöhe dar, wie sie nach den Ergebnissen der ruhigen Versuche (Spalte 20 und 22 der Tafel 24) zu erwarten wären. Die Linien B hingegen sind die tatsächlichen plastischen Durchbiegungen, die sich aus den Mittelwerten der Stoßversuche (Spalten 14 und 16) ergeben. Alle verwendeten Werte gelten für $\varphi_{pl} = 0{,}02$, d. h. für den Fall, daß das Mittel aus dem Knickwinkel, der schon vor dem Stoß vorhanden ist, und dem Knickwinkel nach dem Stoß 0,02 beträgt; die Schnittpunkte mit der P-Achse stimmen also nicht mit der Abb. 46 überein. Die Berechnung der Durchbiegung erfolgte nach Formel 8 unter Beachtung des zu Abb. 46 Gesagten.

Die plastische Durchbiegung ist um so geringer, je größer das Moment und je größer die zugehörige Krümmung ist. Wenn man die Stahlsorten nach wachsenden Momenten und Krümmungen ordnet, ergibt sich beim ruhigen Versuch die Reihenfolge: St 37, St 55, St Isteg. Dementsprechend liegen die A-Linien dieser drei Stähle in derselben Reihenfolge übereinander. Der Stahl St 80 hat eine noch größere Krümmung, aber ein kleineres Moment als St 55, infolgedessen überschneidet seine Linie die anderen.

Beim Stoßversuch hingegen ist die Reihenfolge bezüglich der Momente: St 80, St Isteg, St 55, St 37. Die B-Linien verlaufen in dieser Ordnung mit Ausnahme der obersten Stücke, wo infolge der Krümmungsverhältnisse verschiedene Überschneidungen zustande kommen. Es ist klar, daß bei kleinem Energieaufwand die Größe der elastischen Arbeit, also das Produkt $M_F \cdot \dfrac{1}{\varrho_F}$ maßgebend ist; bei großem Energieaufwand, dessen überwiegender Teil in plastische Formänderungsarbeit umgesetzt wird, verschwindet der Einfluß der federnden Krümmung immer mehr und das Moment bleibt allein maßgebend. Die beiden Linienscharen A und B zeigen deutlich, wie die erwartete Überlegenheit der hochwertigen Stähle durch das Hinaufschnellen der Streckgrenze, das beim St 37 viel stärker ist, in das Gegenteil verkehrt wird.

Die Erhöhung des Stoßwiderstandes über das erwartete Maß ist beim St 37 weitaus am größten; dann folgen der Reihe nach St 55, St 80 und St Isteg.

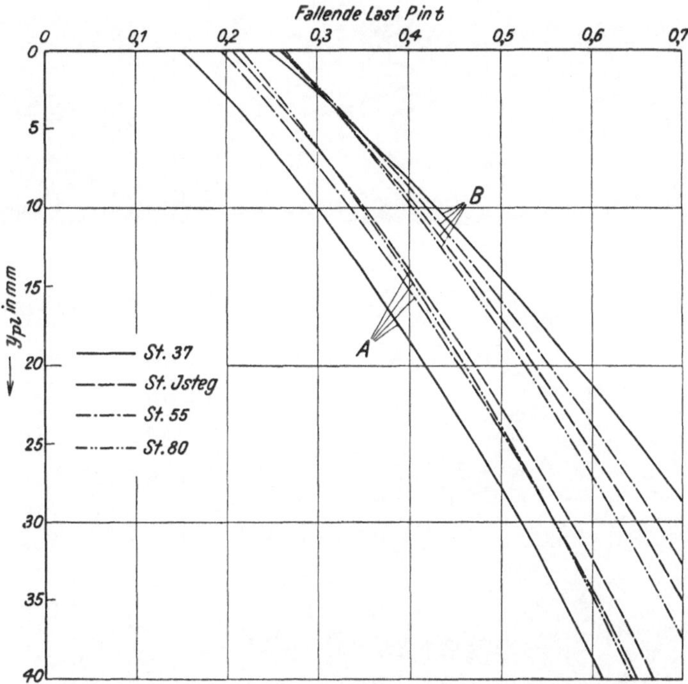

Abb. 47. Plastische Durchbiegung durch einen Stoß bei 20 cm Fallhöhe. Balkengewicht 450 kg, Stoßplatte 18 kg.
A nach den Ergebnissen der ruhigen Biegeversuche zu erwarten, B beim Stoßversuch tatsächlich aufgetreten.

Es ist anzunehmen, daß die Stahlspannungen beim Stoß, die in Spalte 17 der Tafel 24 angegeben sind, auch bei beliebigen anderen Balkenabmessungen auftreten. Über die „rohe federnde Krümmung" läßt sich in dieser Hinsicht wenig aussagen. Bei gleichbleibenden Längenänderungen wäre der Halbmesser ϱ der Nutzhöhe h verhältnisgleich. Die Betonstauchung hängt von der Randspannung, mithin vom Bewehrungssatz und den Betoneigenschaften ab. Ihre Ermittlung wäre sehr umständlich, aber bei bekannter Stauchungslinie des Betons mit ausreichender Genauigkeit möglich. Die durchschnittliche Stahldehnung jedoch hängt von der Mitwirkung der Betonzugzone ab, die bei den hier beschriebenen ruhigen Biegeversuchen erstmalig rechnerisch zu behandeln versucht wurde; die Ergebnisse reichen natürlich bei weitem nicht aus, um allgemein gültige Schlüsse zu ziehen.

Wir sind also nicht in der Lage, den elastischen Stoßwiderstand eines beliebigen Balkens vorauszubestimmen. Wenn es sich um die Vorausberechnung größerer plastischer Verformungen handelt, wird eine angenäherte Berechnung der Krümmung nach Zustand II vollkommen ausreichen. Die Druckzerstörung des Betons begann bei einem Knickwinkel von $\varphi_{pl} = 0{,}04$ bis 0,09. Sie war stets örtlich eng begrenzt und beeinträchtigte den Stoßwiderstand des Balkens nicht, obwohl der Knickwinkel bei den f-Balken bis nahezu 0,2 getrieben wurde. Eine weitere Verformung ließ die Versuchsanordnung nicht zu. Wenn keine Stoßplatte oder sonstige Zwischen-

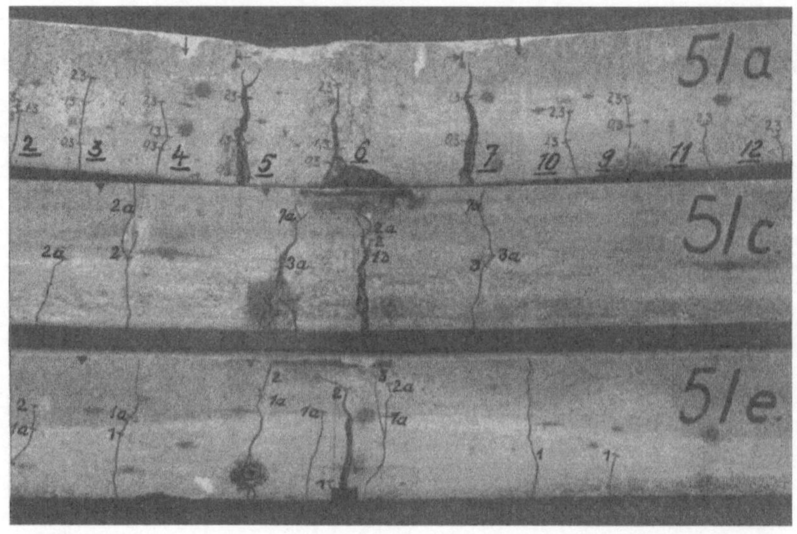

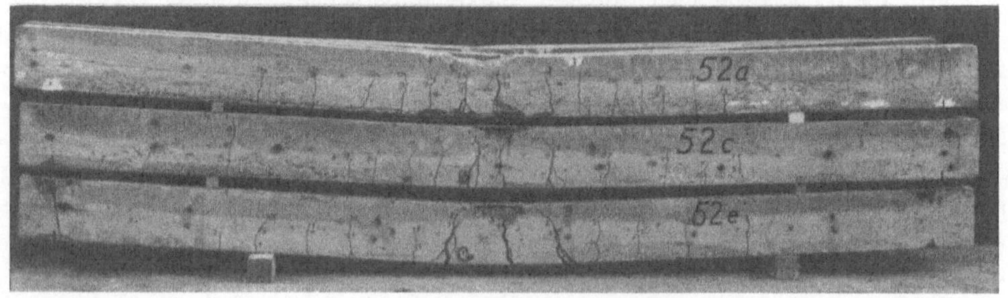

Abb. 48. Rißbilder der Reihe I.

lage vorhanden wäre, würde durch wiederholte Schläge natürlich der Beton abgeschlagen werden. Bei einer praktischen Anwendung kommt aber wohl nur der einmalige Stoß mit plastischer Verformung in Betracht, wobei keine nennenswerte Aushöhlung entstehen wird.

Die bleibenden Durchbiegungen vor dem Strecken, also infolge der Ausschaltung der Betonzugzone, beginnen beim Stoßversuch beim gleichen Moment wie beim ruhigen Versuch, sind aber im allgemeinen beim Stoßversuch kleiner. Durch wiederholte Stöße kann auch eine größere bleibende Durchbiegung erzeugt werden, die vielleicht einer länger dauernden ruhigen Belastung entsprechen würde.

Die Rißbildung beim Stoßversuch unterscheidet sich von der beim ruhigen Versuch durch größeren Abstand und geringere Anzahl der Risse.

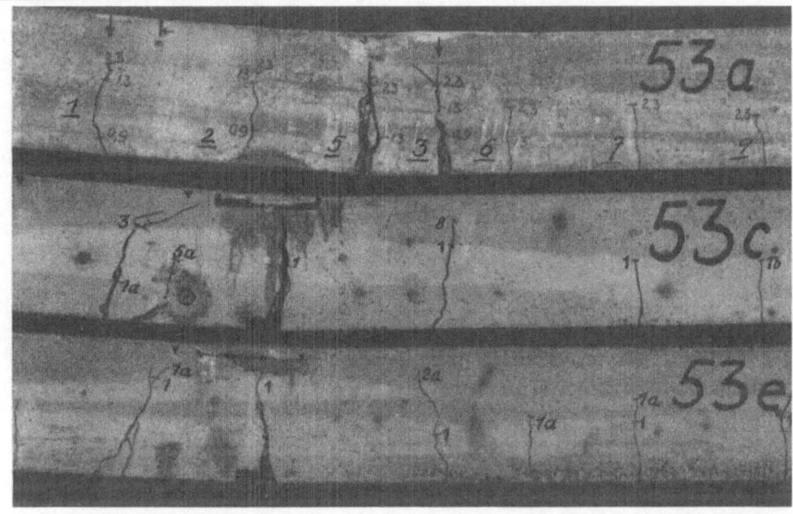

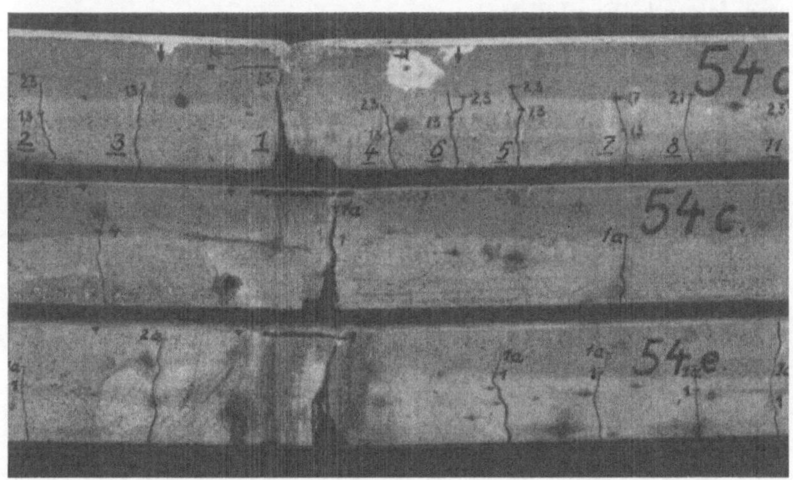

Abb. 48 a. Rißbilder der Reihe I.

Die Abb. 48 zeigt sämtliche Balken der Reihe I (a ruhiger Biegeversuch; c, e Stoßversuch) nach dem Versuch. Mit Ausnahme der Balken 52 ist nur der mittlere Teil zu sehen; außerhalb des Bildes waren keine Risse vorhanden. Die Abb. 49 und 50 zeigen die Stoßbalken der Reihe II.

Die Ziffern auf den Stoßbalken bedeuten die Nummer des Stoßes, bei dem der Riß beobachtet wurde (siehe Tafeln 8 bis 23). Bei den Balken der Reihe I ist die Strecke, wo die Stoßplatte auflag, durch einen schwarzen Streifen angedeutet, die Meßstellen der bleibenden Durchbiegung sind mit kleinen Dreiecken gekennzeichnet. Ferner sind die Löcher zu sehen, in denen die Schreibstifte einzementiert waren.

Bei den meisten Stoßbalken ist nur ein einziger klaffender Riß in Balkenmitte vorhanden; bei einigen Balken ist noch ein zweiter, schwächerer Riß zu sehen, bei den Balken 52 c und 52 e (mit Istegstahl) mehrere klaffende Risse. Außerhalb der Balkenmitte sind nur feine Risse vorhanden, die zum Teil bis zum Druckrand durchgehen, als Folge der Aufwärtsschwingungen. Die Verteilung der Risse ist sehr unregelmäßig und läßt keine Schlüsse zu. Nur bei den isteg-bewehrten Balken 52 sind die Risse gleichmäßig verteilt und zahlreicher als bei den anderen Balken.

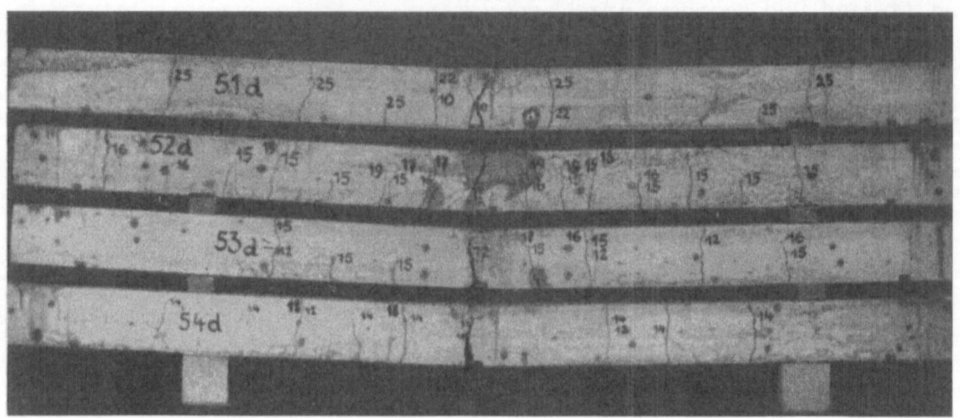

Abb. 49. Die Stoßbalken d nach dem Versuch.

Zusammenfassung.

Die vorstehend beschriebenen Versuche an Eisenbetonbalken mit St 37, St Isteg, St 55 und St 80 hatten folgende Ergebnisse:

Ruhige Biegeversuche.

Aus den Durchbiegungen des Balkens kann mit Benützung der gemessenen Betonrand-stauchung die durchschnittliche Stahldehnung und -spannung berechnet werden. Sie ist vor

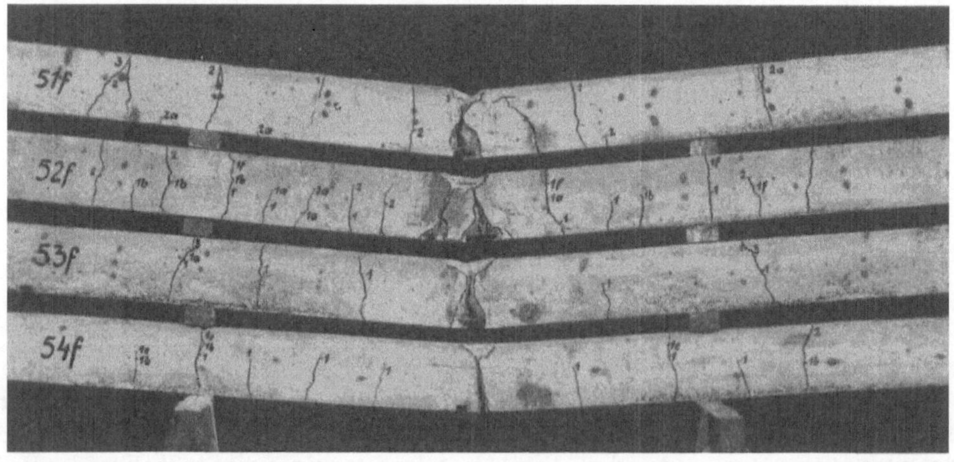

Abb. 50. Die Stoßbalken f nach dem Versuch.

dem Fließen stets kleiner als die volle Stahlspannung nach Zustand II, so daß sich daraus durchschnittliche Betonzugspannungen berechnen lassen. Letztere nehmen vom Beginn der Rißbildung angefangen stetig ab. Beim Fließbeginn stimmt die durchschnittliche Stahl-spannung ungefähr mit der Streckgrenze überein; die volle Stahlspannung, die im Riß vorhanden sein muß, liegt höher. Durch Entlastungen während des Fließens und die dadurch geförderte

Loslösung des Stahls wird die Fließspannung unter Umständen bis auf die Streckgrenze heruntergedrückt. Nach dem Durchlaufen des Streckbereichs in der Umgebung des Bruchrisses beginnt dort die Verfestigung des Stahls, während in der übrigen Strecke des Größtmoments gewöhnlich keine Veränderung eintritt. Die Höchstlast ist erreicht, wenn die Verformbarkeit der Druckzone erschöpft ist und der Beton zerstört wird.

Beim Istegstahl liegt die volle Fließspannung über der Zugfestigkeit; eine Verfestigung gibt es hier nicht.

Zwischen der Rißweite und der durchschnittlichen Stahldehnung ergab sich eine einfache Beziehung.

Stoßversuche.

Die Geschwindigkeit der Balkenmitte nach dem Stoß wurde einerseits aus dem Schwingungsausschlag und anderseits nach den Stoßgesetzen berechnet. Es ergibt sich Übereinstimmung, wenn nach der Annahme von KÖGLER die halbe Masse des Balkens als „reduzierte Masse" in die Stoßformel eingesetzt wird. Aus dem federnden Teil des Schwingungsausschlages ergibt sich mit Hilfe der gemessenen statischen Durchbiegung sowie auf andere Weise der Größtwert des Biegemomentes. Er überschreitet das Bruchmoment aus dem ruhigen Versuch beträchtlich. Diese Überschreitung ist bei St 37 weitaus am größten; die Überlegenheit der hochwertigen Stähle bezüglich des Stoßwiderstandes hat sich nicht im erwarteten Ausmaß gezeigt.

Wenn die in den Balken eingebrachte Bewegungsenergie die elastische Formänderungsarbeit überschreitet, tritt ein Strecken der Bewehrung ein; es entsteht an der Stoßstelle ein klaffender Riß und schließlich eine örtliche Druckzerstörung, die jedoch keine Verminderung oder gar ein Aufhören des Stoßwiderstandes nach sich zieht, zumindest konnte diese Grenze nicht erreicht werden.

Die erreichten Stahlspannungen beim ruhigen Biegeversuch und beim Stoßversuch sind in der Tafel 25 zusammengestellt.

Tafel 25. Stahlspannungen (Mittelwerte).

Stahlsorte	Streckgrenze σ_s kg/cm²	Höchstlast beim ruhigen Biegeversuch		Mittleres Streckmoment beim Stoßversuch		
		σ_e kg/cm²	$\dfrac{\sigma_e}{\sigma_s}$	$\overline{\sigma}_e$ kg/cm²	$\dfrac{\overline{\sigma}_e}{\sigma_s}$	$\dfrac{\overline{\sigma}_e}{\sigma_e}$
St 37	2400	2730	1,14	3450	1,44	1,26
St Isteg	4050	4850	1,20	5150	1,27	1,06
St 55	3930	4500	1,14	5250	1,33	1,17
St 80	4805	5900	1,23	6650	1,38	1,12

Grundlagen des Beton- und Eisenbetonbaues. Von Professor Dr.-Ing. **E. Probst,** Karlsruhe. Mit 211 Textabbildungen. VIII, 345 Seiten. 1935.　　　Gebunden RM 22.50

Die Grundzüge des Eisenbetonbaues. Von Geh. Hofrat Prof. Dr.-Ing. e. h. **M. Foerster,** Dresden. D r i t t e, verbesserte und vermehrte Auflage. Mit 183 Textabbildungen. XII, 570 Seiten. 1926.　　　Gebunden RM 22.95

Durchlaufende Eisenbetonkonstruktionen in elastischer Verbindung mit den Zwischenstützen (P l a t t e n b a l k e n d e c k e n u n d P i l z d e c k e n). Einflußlinientafeln und Zahlentafeln für die maximalen Biegungsmomente und Auflagerdrücke infolge ständiger und veränderlicher Belastung unter Berücksichtigung der Stützeneinspannung (Winklersche Zahlen) nebst Anwendungsbeispielen. Von Baurat Dr.-Ing. **F. Kann,** Wismar. Mit 47 Textabbildungen. V, 72 Seiten. 1926.　　　RM 6.48

Bemessungstafeln für Eisenbetonkonstruktionen. Tafeln zur Bemessung von Eisenbetonquerschnitten auf reine Biegung, auf mittigen Druck und auf Biegung mit Längskraft. Von Baurat **Paul Göldel,** Leipzig. Z w e i t e, wesentlich erweiterte Auflage. Mit 95 Zahlenbeispielen. V, 281 Seiten und III, 74 Seiten. 1932.　　　Gebunden RM 24.—

Untersuchungen über den Einfluß häufig wiederholter Druckbeanspruchungen auf Druckelastizität und Druckfestigkeit von Beton. Von Dr.-Ing. **Alfred Mehmel.** Mit 30 Textabbildungen. IV, 74 Seiten. 1926.　　　RM 5.94

Über das elastische Verhalten von Beton mit besonderer Berücksichtigung der Querdehnung. Von Prof. **Hirohiko Yoshida,** Fukui, Japan. (Mitteilungen des Instituts für Beton und Eisenbeton an der Technischen Hochschule in Karlsruhe i. B.) Mit 59 Textabbildungen. VI, 114 Seiten. 1930.　　　RM 9.90

Vorlesungen über Eisenbeton. Von Prof. Dr.-Ing. **E. Probst,** Karlsruhe.
E r s t e r Band: Allgemeine Grundlagen. Theorie und Versuchsforschung. Grundlagen für die statische Berechnung. Statisch unbestimmte Träger im Lichte der Versuche. Z w e i t e, umgearbeitete Auflage. Mit 70 Textabbildungen. XI, 620 Seiten. 1923.　　　Gebunden RM 21.60
Z w e i t e r Band: Grundlagen für die Berechnung und das Entwerfen von Eisenbetonbauten. Anwendung der Theorie auf Beispiele im Hochbau, Brückenbau und Wasserbau. Allgemeines über Vorbereitung und Verarbeitung von Eisenbeton. Richtlinien für Kostenermittlungen. Eisenbeton und Formgebung. Z w e i t e, umgearbeitete Auflage. Mit 61 Textabbildungen. IX, 539 Seiten. 1929.　　　Gebunden RM 28.35

Beton. Anregungen zur Verbesserung des Materials. Ein Ergänzungsheft zu „Vorlesungen über Eisenbeton“, erster Band, 2. Auflage. Von Prof. Dr.-Ing. **E. Probst,** Karlsruhe. Mit 7 Textabbildungen. IV, 54 Seiten. 1927.　　　RM 2.70

Materialauswahl für Betonbauten unter besonderer Berücksichtigung der Wasserdurchlässigkeit. Versuche und Erfahrungen. Von Reg.-Baurat **H. Vetter** und Dr. **E. Rissel,** Heidelberg. Mit 40 Textabbildungen und 16 Zusammenstellungen. IV, 94 Seiten. 1933.　　　RM 4.50